明远通识文库

❦ 通川至海,立一识大

四川大学通识教育读本编委会

主 任

游劲松

委 员

（按姓氏笔画排序）

王　红	王玉忠	左卫民	石　坚
石　碧	叶　玲	吕红亮	吕建成
李　怡	李为民	李昌龙	肖先勇
张　林	张宏辉	罗懋康	庞国伟
侯宏虹	姚乐野	党跃武	黄宗贤
曹　萍	曹顺庆	梁　斌	詹石窗
	熊　林	霍　巍	

本书编委会

主　编

王英梅

副主编

冯　佳　格桑泽仁　罗　莹　刘昌波

编　委

杨晓琳　谷建岭　何　惠　李　慧
吴　笑　徐青锐　陈　智　吴秀玲
胡春男

主　编：王英梅
副主编：冯　佳　格桑泽仁　罗　莹　刘昌波

内在的宇宙

探索心灵
的奥秘

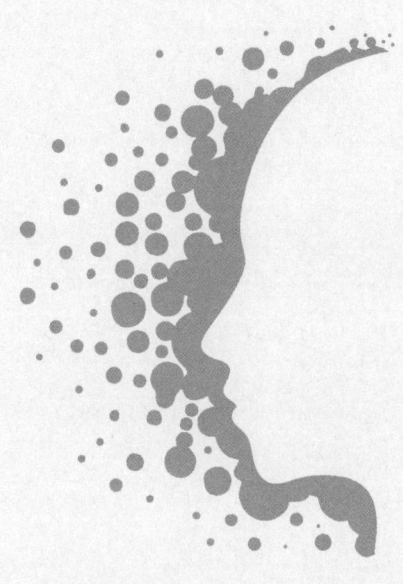

四川大学出版社
SICHUAN UNIVERSITY PRESS

| 总 序 |

通识教育的"川大方案"

◎ 李言荣

大学之道,学以成人。作为大学精神的重要体现,以培养"全人"为目标的通识教育是对"人的自由而全面的发展"的积极回应。自19世纪初被正式提出以来,通识教育便以其对人类历史、现实及未来的宏大视野和深切关怀,在现代教育体系中发挥着无可替代的作用。

如今,全球正经历新一轮大发展大变革大调整,通识教育自然而然被赋予了更多使命。放眼世界,面对社会分工的日益细碎、专业壁垒的日益高筑,通识教育能否成为砸破学院之"墙"的有力工具?面对经济社会飞速发展中的常与变、全球化背景下的危与机,通识教育能否成为对抗利己主义,挣脱偏见、迷信和教条主义束缚的有力武器?面对大数据算法用"知识碎片"织就的"信息茧房"、人工智能向人类智能发起的重重挑战,通识教育能否成为人类叩开真理之门、确证自我价值的有效法宝?凝望中国,我们正前所未有地靠近世界舞台中心,前所未有地接近实现中华民族伟大复兴,通识教育又该如何助力教育强国建设,培养出一批堪当民族复兴重任的时代新人?

这些问题都需要通识教育做出新的回答。为此,我们必须立足当下、面向未来,立足中国、面向世界,重新描绘通识教育的蓝图,给出具有针对性、系统性、实操性和前瞻性的方案。

一般而言,通识教育是超越各学科专业教育,针对人的共性、公民的共性、技能的共性和文化的共性知识和能力的教育，是对社会中不同人群的共同认识和价值观的培养。时代新人要成为面向未来的优秀公民和创新人才，就必须具有健全的人格，具有人文情怀和科学精神，具有独立生活、独立思考和独立研究的能力，具有社会责任感和使命担当，具有足以胜任未来挑战的全球竞争力。针对这"五个具有"的能力培养，理应贯穿通识教育始终。基于此，我认为新时代的通识教育应该面向五个维度展开。

第一，厚植家国情怀，强化使命担当。如何培养人是教育的根本问题。时代新人要肩负起中华民族伟大复兴的历史重任，首先要胸怀祖国，情系人民，在伟大民族精神和优秀传统文化的熏陶中潜沉情感、超拔意志、丰博趣味、豁朗胸襟，从而汇聚起实现中华民族伟大复兴的磅礴力量。因此，新时代的通识教育必须聚焦立德树人这一根本任务，为学生点亮领航人生之灯，使其深入领悟人类文明和中华优秀传统文化的精髓，增强民族认同与文化自信。

第二，打好人生底色，奠基全面发展。高品质的通识教育可转化为学生的思维能力、思想格局和精神境界，进而转化为学生直面飞速发展的世界、应对变幻莫测的未来的本领。因此，无论学生将来会读到何种学位、从事何种工作，通识教育都应该聚焦"三观"培养和视野拓展，为学生搭稳登高望远之梯，使其有机会多了解人类文明史，多探究人与自然的关系，这样才有可能培养出德才兼备、软硬实力兼具的人，培养出既有思维深度又不乏视野广度的人，培养出开放阳光又坚韧不拔的人。

第三，提倡独立思考，激发创新能力。当前中国正面临"两个大局"，经济、社会等各领域的高质量发展都有赖于科技创新的支撑、引领、推动。而通识教育的力量正在于激活学生的创新基因，使其提出有益的质疑与反思，享受创新创造的快乐。因此，新时代的通识教育必须聚焦独立思考能力和底层思维方式的训练，为学生打造破冰拓土之船，使其从惯于模仿向敢于质疑再到勇于创新转变。同时，要使其多了解世界科技史，使其产生立于人类历史之巅鸟瞰人类文明演进的壮阔之感，进而生发创新创造的欲望、填补空白的冲动。

第四，打破学科局限，鼓励跨界融合。当今科学领域的专业划分越来越细，既碎片化了人们的创新思想和创造能力，又稀释了科技资源，既不利于创新人才的培养，也不利于"从0到1"的重大原始创新成果的产生。而通识教育就是要跨越学科界限，实现不同学科间的互联互通，凝聚起高于各学科专业知识的科技共识、文化共识和人性共识，直抵事物内在本质。这对于在未来多学科交叉融通解决大问题非常重要。因此，新时代的通识教育应该聚焦学科交叉融合，为学生架起游弋穿梭之桥，引导学生更多地以"他山之石"攻"本山之玉"。其中，信息技术素养的培养是基础中的基础。

第五，构建全球视野，培育世界公民。未来，中国人将越来越频繁地走到世界舞台中央去展示甚至引领。他们既应该怀抱对本国历史的温情与敬意，深刻领悟中华优秀传统文化的精髓，同时又必须站在更高的位置打量世界，洞悉自身在人类文明和世界格局中的地位和价值。因此，新时代的通识教育必须聚焦全球视野的构建和全球胜任力的培养，为学生铺就通往国际舞台之路，使其真正了解世界，不孤陋寡闻，真正了解中国，不妄自菲薄，真正了解人类，不孤芳自赏；不仅关注自我、关注社会、关注国家，还关注世界、关注人类、关注未来。

我相信，以上五方面齐头并进，就能呈现出通识教育的理想图景。但从现实情况来看，我们目前所实施的通识教育还不能充分满足当下及未来对人才的需求，也不足以支撑起民族复兴的重任。其问题主要体现在两个方面：

其一，问题导向不突出，主要表现为当前的通识教育课程体系大多是按预设的知识结构来补充和完善的，其实质仍然是以院系为基础、以学科专业为中心的知识教育，而非以问题为导向、以提高学生综合素养及解决复杂问题的能力为目标的通识教育。换言之，这种通识教育课程体系仅对完善学生知识结构有一定帮助，而对完善学生能力结构和人格结构效果有限。这一问题归根结底是未能彻底回归教育本质。

其二，未来导向不明显，主要表现为没有充分考虑未来全球发展及我国建设社会主义现代化强国对人才的需求，难以培养出在未来具有国际竞争力的人才。其症结之一是对学生独立思考和深度思考能力的培养不够，尤其未能有效激活学生问问题，问好问题，层层剥离后问出有挑战性、有想象力的问题的能力。其症结之二是对学生引领全国乃至引领世界能力的培养不够。这一问题归根结底是未能完全顺应时代潮流。

时代是"出卷人"，我们都是"答卷人"。自百余年前四川省城高等学堂（四川大学前身之一）首任校长胡峻提出"仰副国家，造就通才"的办学宗旨以来，四川大学便始终以集思想之大成、育国家之栋梁、开学术之先河、促科技之进步、引社会之方向为己任，探索通识成人的大道，为国家民族输送人才。

正如社会所期望，川大英才应该是文科生才华横溢、仪表堂堂，医科生医术精湛、医者仁心，理科生学术深厚、术业专攻，工科生技术过硬、行业引领。但在我看来，川大的育人之道向来不只在于专精，更在于博通，因此从川大走出的大成之才不应仅是各专业领域的精英，而更应是真正"完整的、大写的人"。简而言之，川大英才除了精熟专业技能，还应该有川大人所共有的川大气质、川大味道、川大烙印。

关于这一点，或许可以打一不太恰当的比喻。到过四川的人，大多对四川泡菜赞不绝口。事实上，一坛泡菜的风味，不仅取决于食材，更取决于泡菜水的配方以及发酵的工艺和环境。以之类比，四川大学的通识教育正是要提供一坛既富含"复合维生素"又富含"丰富乳酸菌"的"泡菜水"，让浸润其中的川大学子有一股独特的"川大味道"。

为了配制这样一坛"泡菜水"，四川大学近年来紧紧围绕立德树人根本任务，充分发挥文理工医多学科优势，聚焦"厚通识、宽视野、多交叉"，制定实施了通识教育的"川大方案"。具体而言，就是坚持问题导向和未来导向，以"培育家国情怀、涵养人文底蕴、弘扬科学精神、促进融合创新"为目标，以"世界科技史"和"人类文明史"为四川大学通识教育体系的两大动脉，以"人类演进与社会文明""科学进步与技术革命"和"中华文化（文史哲艺）"为三大先导课程，按"人文与艺术""自然与科技""生命与健康""信息与交叉""责任与视野"五大模块打造100门通识"金课"，并邀请院士、杰出教授等名师大家担任课程模块首席专家，在实现知识传授和能力培养的同时，突出价值引领和品格塑造。

如今呈现在大家面前的这套"四川大学通识教育读本"，即按照通识教育"川大方案"打造的通识读本，也是百门通识"金课"的智慧结晶。按计划，丛书共100部，分属于五大模块。

——"人文与艺术"模块，突出对世界及中华优秀文化的学习，鼓励读者以更加开放的心态学习和借鉴其他文明的优秀成果，了解人类文明演进的过程和现实世界，着力提升自身的人文修养、文化自信和责任担当。

——"自然与科技"模块，突出对全球重大科学发现、科技发展脉络的梳理，以帮助读者更全面、更深入地了解自身所在领域，培养科学精神、科学思维和科学方法，以及创新引领的战略思维、深度思考和独立研究能力。

——"生命与健康"模块,突出对生命科学、医学、生命伦理等领域的学习探索,强化对大自然、对生命的尊重与敬畏,帮助读者保持身心健康、积极、阳光。

——"信息与交叉"模块,突出以"信息+"推动实现"万物互联"和"万物智能"的新场景,使读者形成更宽的专业知识面和多学科的学术视野,进而成为探索科学前沿、创造未来技术的创新人才。

——"责任与视野"模块,着重探讨全球化时代多文明共存背景下人类面临的若干共同议题,鼓励读者不仅要有参与、融入国际事务的能力和胆识,更要有影响和引领全球事务的国际竞争力和领导力。

百部通识读本既相对独立又有机融通,共同构成了四川大学通识教育体系的重要一翼。它们体系精巧、知识丰博,皆出自名师大家之手,是大家著小书的生动范例。它们坚持思想性、知识性、系统性、可读性与趣味性的统一,力求将各学科的基本常识、思维方法以及价值观念简明扼要地呈现给读者,引领读者攀上知识树的顶端,一览人类知识的全景,并竭力揭示各知识之间交汇贯通的路径,以便读者自如穿梭于知识枝叶之间,兼收并蓄,掇菁撷华。

总之,通过这套书,我们不惟希望引领读者走进某一学科殿堂,更希望借此重申通识教育与终身学习的必要,并以具有强烈问题意识和未来意识的通识教育"川大方案",使每位崇尚智识的读者都有机会获得心灵的满足,保持思想的活力,成就更开放通达的自我。

是为序。

(本文作于2023年1月,作者系中国工程院院士,时任四川大学校长)

前　言

　　心理学在我国作为一门研究人类心理现象及其影响下的精神功能和行为活动的科学，兼顾突出的理论性和应用（实践）性。现代心理学界普遍认为，科学心理学是以1879年德国心理学家威廉·冯特（Wihelm Wundt）建立世界第一个心理学实验室为发端，有不到两百年的历史。在此之前的所谓精神哲学或道德哲学都不算是科学心理学。因此，从这个角度看，正如赫尔曼·艾宾浩斯（Herman Ebbinghaus）所说，"心理学有一个长期的过去，但仅有一个短暂的历史"。心理学虽然年轻，但经过100多年的发展和完善，心理学的理论和技术已经影响到政治、经济、文化、艺术、宗教、企业管理、市场营销等各个方面。

　　现代中国的科学心理学不是由我国古代心理学思想发展演化而来的，而是从西方引进的，其学科诞生或许可以从陈大齐1917年在北京大学建立中国第一个心理学实验室算起。我国古代思想家的心理性命之说，例如心学思想、性命论等，算是心理学思想，但不等同于现代心理学。我国现代的心理学科是直接来源于西方的科学心理学，这是我国现代心理学的特点。

　　在21世纪初，就有研究东西方文化差异的专家指出，主要基于欧美的人群特征而发展起来的科学心理学是否适用于其他文化，比如东方文化背景下的人群，值得探索和研究。一些国家和地区蓬勃发展的"本土心理学"或"东方心理学",也强烈指出在东方文化背景下,需要对西方的心理学研究和结论进行修正,才能适用于本土群体。本土心理学倡导将西方心理学的模式、方法、概念和理论加以改造,以与某一文化紧密联系并进一步运用于某一文化之中,使之具有文化契合性。这是当代心理学的科学主义、人本主义和文化主义走向统合的历史必然。

  青年是我国教育的主体和重点,他们既成长于中国文化背景下,又具有国际化的视野和思维能力。青年人对自我的探索是人生发展的重要课题,也是人格建构的必然需要。我们在本书中充分介绍了西方心理学科中主流流派对"自我"的定义和思想精华,又简要介绍了中国心理学思想中关于"自我"探索的历史演变。

  本书以通俗易懂的方式呈现,主要引导大家了解心理学的起源、精神分析心理学、个体心理学、人本主义心理学、学习心理学、社会心理学、心理咨询、音乐心理治疗、得觉理论、中国传统文化中的心理学思想等方面的知识,以解读自己在生活中遇到的不同难题,了解生活中的心理学,领悟其中所蕴含的生命智慧。

  本书由四川大学心理健康教育中心主任王英梅组织编写并负责全书的策划与统稿工作。第一讲由李慧撰写,第二讲由谷建岭和何惠撰写,第三讲由冯佳撰写,第四讲由胡春男撰写,第五讲由刘昌波撰写,第六讲由吴笑撰写,第七讲由罗莹撰写,第八讲由徐青锐撰写,第九讲由杨晓琳和吴秀玲撰写,第十讲由格桑泽仁撰写,第十一讲由王英梅撰写。

  本书的写作,参考借鉴了学界诸多专家学者的研究成果,谨向各位同仁表示由衷的感谢。同时,书中谬误在所难免,祈请读者批评指正。

目 录

第一讲 我是谁？——心理学的起源 / 1
    一、诞生前夜 / 1
    二、学科诞生 / 3
    三、早期流派 / 3
    四、当代心理学的研究取向 / 7

第二讲 梦仅仅是梦？——精神分析心理学 / 14
    一、弗洛伊德的生平 / 16
    二、弗洛伊德精神分析理论发展阶段 / 23
    三、弗洛伊德关于梦的理论 / 32

第三讲 自卑可以超越吗？——个体心理学 / 43
    一、阿德勒的生平 / 43
    二、个体心理学的核心理念 / 45
    三、走向幸福之路 / 61

第四讲 人之初，性本善？——人本主义心理学 / 67
    一、人本主义心理学的基本观点 / 68

二、马斯洛的需要层次理论 /72

三、以人为中心的心理治疗理论 /76

第五讲 我们如何更有效地学习？——学习心理学 /86

一、学习心理学的相关概念 /86

二、学习心理学的发展阶段和代表人物 /90

三、如何更有效地学习？ /94

第六讲 日常生活有哪些真相？——社会心理学 /108

一、你拖延吗？ /109

二、你为什么这么丧？ /117

三、为什么别人总惹你生气？ /123

四、人生太顺利一定是好事吗？ /125

第七讲 你幸福吗？——积极心理学 /128

一、积极心理学兴起 /129

二、积极心理学的核心理念 /132

三、积极心理学的挑战 /135

第八讲 我们如何帮助和疗愈自己？——心理咨询 /142

一、什么是心理咨询？ /142

二、心理咨询工作的范畴 /144

三、心理咨询的理论和技术 /145

四、青年期心理发展 /153

五、青年期心理问题的产生 /156

六、青年期常见心理问题及自我调适 /158

目录

第九讲 音乐可以疗愈我们的心灵吗？——音乐心理治疗 /175

一、音乐治疗的生理学机制 /176

二、音乐对心理的积极作用 /177

三、音乐治疗的历史 /181

四、音乐治疗就是听音乐吗？ /184

五、音乐治疗与大学生心理健康 /186

第十讲 智慧是复杂还是简单？——得觉理论 /194

一、心理学与人的心理 /194

二、东方人自己的心理学——得觉理论 /195

三、得觉与智慧 /206

第十一讲 古代先贤如何读心？——中国传统文化中的心理学思想 /219

一、中国心理学史研究 /220

二、中国古代心理学思想的范畴 /221

三、中国古代心理学思想的发展 /222

四、近代心理学思想和现代心理学学科的建立 /227

五、加强对中国心理学思想的研究 /229

六、中国心理学的现状与未来 /231

第一讲

我是谁？—— 心理学的起源

心理学是一门既古老又年轻的学科。心理学的许多问题和关注的焦点可以追溯到古埃及、古希腊和古罗马时期。心理学思想孕育已久，学科的发展方兴未艾。本讲从心理学的诞生、西方早期心理学的主要流派和现当代心理学的研究取向入手，勾勒出西方心理学发展的大致轮廓。

一、诞生前夜

psyche=soul（心灵），logos=discourse（阐述），将二者合而为一，即得到心理学的英文单词psychology。从词根来看，心理学即"阐述心灵"的学科，可见心理学与哲学的关系十分密切。现代西方哲学起源于古代希腊和罗马思想家的研究。对我们所谓的"心理现象"的最早解释是亚述人在黏土板上创作的一系列"梦书"，其为我们提供了许多看待人的本质和解决心理问题的不同方式。

心理学作为一门独立的学科，既脱胎于古代西方哲学，又逐渐采纳了科学的研究方法。在心理学发展的各个时期，它都与医学、生理学和神经学有着密切的联系。古希腊名医希波克拉底（Hippokrates）提出的体液学说可看作是古希腊时期心理学说的代表。他提出，四种基本体液会影响人的气质和人格：黑胆汁过多者往往会脾气恶劣、性格倔强，还可能患忧郁症；黄胆汁过多者往往会性情暴躁、易怒，还可能患躁狂症；黏液过多者往往会性情冷漠、反应愚钝、缺乏活力；血液过多者往往会过度兴奋、有同情心、粗枝大叶。希波克拉底的研究远不止于此，他被称作"医学之父"。他描述了心理状态的自然之因，对许多行为问题首次做了清晰的描述，并且阐述了经久不衰的气质和动机理论。在希波克拉底之后，西方三位伟大的哲学家苏格拉底（Socrates）、柏拉图（Plato）和亚里士多德（Aristotle），确立了认识论，对诸如学习、记忆等心理问题都给予了关注。进入文艺复兴时期后，尼古拉·哥白尼（Nicolaus Copernicus）、伽利略·伽利雷（Galileo Galilei）、艾萨克·牛顿（Isaac Newton）和勒内·笛卡尔（René Descartes）等人推动了哲学、科学、教育等的发展，为心理学的诞生奠定了基础。

西方的科学革命始于哥白尼的"日心说"，这个学说催生出了与中世纪神学与经验哲学完全不同的新兴科学体系，标志着近代科学的诞生。此后，约翰尼斯·开普勒（Johannes Kepler）、伽利略、牛顿等人推动建立了近代自然科学体系。产生于这次革命的科学思维强调方法论，即一个人必须仔细观察现象，如果可能的话，要使其数量化；对某些变量的效应要做出数学预测，并且要从经验上证明那些预测。这一观念被试图建立一门心灵科学的早期心理学家们所采纳。

心理学继承的不仅仅是一种科学传统，还有它的哲学基础。笛卡尔主张心灵是与身体分离的，并且受它自身规律和原则的支配，这为心理学成为一门独立于其他科学的学科做了准备。心理学还从文艺复兴和近代西方心理学思想中接受了两种重要的哲学取向：先天论和经验论。先天论强调遗传特征，经验论强调环境因素的重要性。进入19世纪后，中枢神经系统的早期研究取得一系列重大成果，使心理科学呼之欲出。

二、学科诞生

1879年，威廉·冯特（Wihelm Wundt）在德国莱比锡大学建立了世界上第一个心理学实验室，标志着科学心理学的诞生。冯特也被称作"心理学的创立者"或"世界上第一个真正的心理学家"。

威廉·冯特（1832—1920），德国人。总体而言，冯特的心理学思想主要包括两个部分：第一部分是以实验研究为主的个体心理学，研究内容主要包括感觉、知觉、情感等，其代表作是《生理心理学原理》；第二部分是综合了语言、艺术、神话、宗教、社会习俗等的民族心理学，主要研究社会环境中的个体，其代表作为《民族心理学》。1881年，冯特创办了心理学刊物《哲学研究》。冯特一生兴趣广泛，著述颇丰，出版作品有《逻辑学》《心理学大纲》《民族心理学》《心理学导论》等。

三、早期流派

（一）建构主义

建构主义学派的代表人物是威廉·冯特和爱德华·布雷福德·铁钦纳（Edward Bradford Titchener），所研究的对象是意识结构。建构主义学派认为心理学是对正常成人心理的研究，不是对儿童、动物或精神病患者心理的研究。该学派采用实验内省法，聚焦于分析心理过程的实质，确定它们的要素，说明它们是如何组合在一起的，以及发现这些要素之间联系的规律。该学派还致力于弄清心理和神经系统的相互关系。

建构主义学派推动了将实验室纳入心理学教学的进程，并因此促进心理学从哲学中分离出来，使心理学走向独立。

（二）机能主义

机能主义学派的代表人物是约翰·杜威（John Dewey）、威廉·詹姆斯（William James）、詹姆斯·安吉尔（James Angell）。杜威（1859—1952）是美国杰出的哲学家之一，也是一位有影响力的教育改革者、社会批评家、心理学家，其著作为机能主义奠定了基础。1896年，杜威在《心理学评论》上发表的《心理学中的反射弧概念》，标志着机能主义的正式开端。威廉·詹姆斯（1842—1910）是美国最重要的心理学家之一，从小受到良好的教育，是个真正的世界主义者。他出版的两卷本共1000多页的《心理学原理》被长期作为标准的心理学教材。他后期转向哲学研究，发表的《实用主义》和《真理的意义》中提出了一种注重实效、朴实的实用主义哲学，确立了"自爱默生以来美国最著名哲学家"的声誉。安吉尔（1869—1949），芝加哥大学机能主义学派的代表，他将机能主义看作一种完全不同于建构主义的方法。

机能主义的研究内容包括心理在适应环境中的作用、心理机能和意识的适应价值。机能主义者建立了第一个重要的非德国心理学流派，寻求一种新的、更具活力的心理学，且受达尔文进化理论影响。如今，机能主义不再作为一个正式的心理学流派而存在，然而，机能主义者的观点已经得到广泛认可。

（三）格式塔心理学

格式塔心理学的代表人物是马克斯·韦特海默（Max Wertheimer）、沃尔夫冈·科勒（Wolfgang Kohler）和库尔特·科夫卡（Kurt Koffka）。韦特海默、科勒、科夫卡被称为"格式塔心理学三剑客"。格式塔心理学起源于恩斯特·马赫（Ernst Mach）的知觉理论和厄棱费尔（Ehrenfels）的实验。1912年，韦特海默发表了一篇题为《运动知觉的实验研究》的论文，是格式塔心理学的开端。格式塔心理学从整体上研究心理现象，反对把心理现象分解为组成元素，强调整体并不等于部分的总和，认为整体总是大于部分之和，整体先于部分而存在，并制约着部分的性质和意义；认为现象是心理学的研究对象，心理分析必须遵循从现象到本质的过程，采用的研究方法是逼真（现实）实验。格式塔心理学在知觉研究方面（知觉三原则：相似原则、接近原则、闭合原则）的贡献极大，为后来的认知心理学的发展奠定了基础。"格式塔心理学三剑客"的论述为新的心理学取向奠定了理论、概念及实证的基础。科勒在1917年出版了《人猿的智慧》一书，其动物顿悟学习实验产生了较大的影响。后来，德裔美国心理学家库尔特·莱温（Kurt Lewin）将格式塔心理学的概念和方法用于解决更为广泛的心理学问题，如解决人格的发展、员工效率以及各种各样的社会行为和问题。

（四）行为主义

行为主义心理学的代表人物是伊万·巴甫洛夫（Ivan Pavlov）和约翰·华生（John Waston）。巴甫洛夫于1849年9月出生于俄国一个牧师家庭，1870年进入圣彼得堡大学学习，受查尔斯·达尔文（Charles Darwin）和伊凡·谢切诺夫（Ivan Sechenov）影响较大，1904年获诺贝尔生理学或医学奖。他研究了动物的条件反射（也被称为经典条件反射），以区别于后来伯尔赫斯·斯金纳（Burrhus Skinner）的操作条件反射，提出条件反射原理，为华生的行为主义取向提供了一个重要基础。约翰·华生于1878年1月出生于美国南卡罗来纳州，25岁成为芝加哥大学当时最年轻的博士,并先后执教于芝加哥大学和霍普金斯大学。他在动物研究、儿童研究等方面做出了巨大贡献。他对男婴阿尔伯特的恐惧习得实验是心理学史上最为有名的实验之一,但也使他备受争议。1920年,因自身私生活问题导致的离婚案件使得华生声名狼藉,也使他中断了心理学的学术生涯。1957年,华生因对心理学的贡献而获得美国心理学会(American Psychological Association,APA)授予的金质奖章。

行为主义学派采用实验方法研究外显行为,认为所谓行为不过是肌肉的收缩和腺体的分泌,以对行为的研究取代以前对意识的构造与对机能的关注。行为主义通过观察,预测和控制人类与其他动物的行为。华生界定了行为主义,确立了它的主要内容和研究方法,认为心理学是自然科学的一个绝对客观的实验分支,认为人与动物之间没有实质的分界线。行为主义反对研究意识,主张研究行为,反对内省,主张用实验方法,这有助于心理学摆脱思辨。行为主义否认人的主观世界,以生理反应代替心理现象,是一种典型的环境决定论,最具代表性观点的是华生说的:"给我一打健康的婴儿,加上足以培育他们的特定环境,那么我担保,随便挑选其中一个婴儿,我可以把他训练成为我选定的任何一种专家——医生、律师、艺术家、商人、领导,甚至于乞丐和小偷,而不管他的才能、嗜好、倾向、能力、秉性和他祖先的种族。"

(五)精神分析

精神分析学派的代表人物是西格蒙德·弗洛伊德(Sigmund Freud)。精神分析关注无意识,认为人的行为源于欲望和动机,欲望以无意识的形式支配人的行为。弗洛伊德提出"本我""自我""超我"的人格结构理论,认为心理是由这三个彼此分离但相互独立的结构组成。

本我完全是无意识的，遵循"快乐原则"；自我从本我获得能量，遵循"现实原则"；超我遵循"道德原则"。健康人格是三个"我"的和谐统一。弗洛伊德把个体的人格发展划分为五个阶段：口唇期、肛门期、性器期、潜伏期和生殖期，每个阶段都以本能的满足和外部世界的限制之间的冲突为特征。如果儿童在任一阶段获得太少或太多的满足，那么他可能无法轻松地进入下一个发展阶段。满足不足或过分满足还可能导致后来生活中的行为具有那个特殊阶段的冲突的特性。

精神分析学派的心理治疗理论认为与患者之间建立良好的关系很重要，运用精神分析治疗技术可以使患者的症状得到缓解，鼓励患者在没有催眠的情况下释放其被禁锢的记忆。治疗所采用的技术包括自由联想、梦的解析、催眠等。

精神分析学派认为早期生活经历很重要，强调心理学应该重视动机和无意识现象的研究。人格发展理论中最具争议的观点之一是俄狄浦斯情结，弗洛伊德后来在他的《性学三论》和《精神分析新论》中对性诱惑理论有过记述和修订。此外，其"泛性论"和研究方法也受到批评，但不可否认的是，弗洛伊德开创的精神分析学说在心理学发展历史上具有不可动摇的地位。

四、当代心理学的研究取向

（一）人本主义心理学

人本主义心理学的代表人物是亚伯拉罕·马斯洛（Abraham Maslow）和卡尔·罗杰斯（Carl Rogers）。人本主义心理学着重于人格方面的研究，批评精神分析是"伤残心理学"（以精神病患者的心理现象为基础），批评行为主义心理学是"幼稚心理学"（以动物和儿童的心理现象为基础)。他们认为，个人的所有行为决定于他对世界的知觉和看法。因此人本主义心理学集中于对个人内心生活和经验的描述。而要了解个人的主观经验，最直接的途径是去倾听他们的诉说。马斯洛提出每个人有自我实现的需要，只要有适当的环境，人就会努力去实现自我。

需要层次理论（图1-1）是马斯洛提出的著名理论。个体的需要包括五个层面：第一层是生理需要，第二层是安全需要，第三层是爱和归属的需要，第四层是尊重的需要，第五层是自我实现的需要。生理需要是维持个体生存和发展的需要，自我实现的需要是人类最高层次的需要。

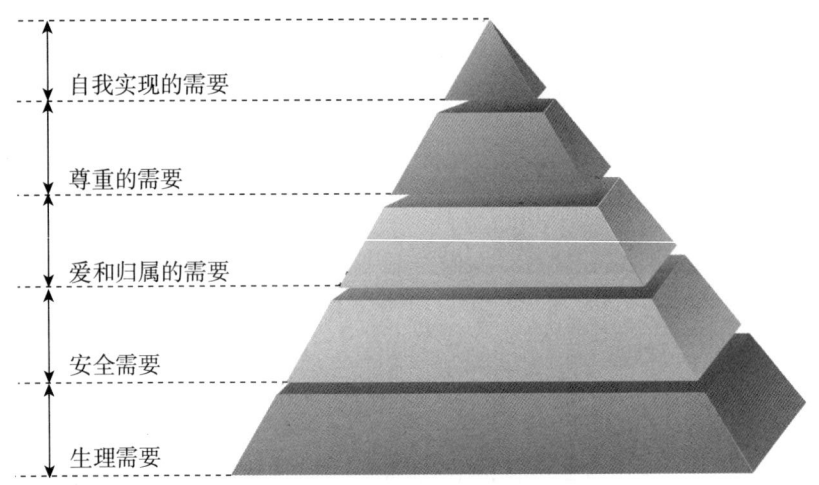

图1-1 马斯洛的需要层次理论

低级需要包括生理需要、安全需要、爱和归属的需要和尊重的需要，亦称缺失性需要；高级需要即自我实现的需要，亦称成长性需要。层次越低的需要出现得越早，层次越高的需要出现得越晚。只有在满足低级需要的基础上，才产生高级需要，但高级需要与低级需要并非对立的，低级需要部分满足即可产生高级需要。成长性需要不是维持个体生存的绝对必需品,但满足这种需要能促进人的健康成长。居于顶层的自我实现的需要对以下各层具有潜在的影响。成长性需要不但不随其满足而减弱,反而因获得满足而增强。自我实现的标志就是一个人潜能和创造力得到充分发挥。

(二)认知心理学

认知心理学的代表人物是让·皮亚杰(Jean Piaget)和乌尔里克·奈塞尔(Ulric Neisser)。

认知心理学是用信息加工的观点来研究感觉、知觉、注意、记忆、思维和语言等心理过程。认知心理学将人脑看作类似于计算机的信息加工系统。其对记忆研究的主要观点有:①识记是记忆的开始环节,是学习和取得知识经验的记忆过程。从信息加工的观点来看,识记是信息的输入和编码过程。②保持是识记过的经验在大脑中储存和巩固的过程。从信息加工的观点来看,保持就是信息的储存。③再现包括回忆和再认,二者是在不同的情况下恢复经验的过程。从信息加工的观点来看,回忆和再认是提取信息的过程。

认知心理学着重研究行为的内部机制,即探讨被行为主义心理学所忽视的意识或内部的心理过程,把心理过程理解为信息的输入、加工、储存和提取使用的过程,以客观的方式进行研究,而不是只根据个人的内省报告。

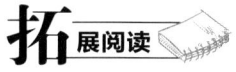

提高记忆效率的方法

(1)心平气和开始记忆。大脑在平静状态时最容易容纳新的信息。

所以每当我们准备记忆一个东西时，首先要使自己"放松"下来，等心平气和后再去记忆。

（2）大脑不能过度疲劳。大脑细胞活动过度容易引起大脑疲劳，脑细胞的活动能力会降低，记忆力随之下降。因此，每当大脑疲惫时，就应该休息片刻，让大脑得到充分休息，使其在记忆东西时处于最佳状态。

（3）有必不可少的自信心。日本著名心理学家多湖辉先生和南博先生一致认为，记忆时最重要的是要有"一定记得住"这种自信心。若老觉得自己的记忆力不好，在学习或工作时精神不振、情绪不高，则会造成记忆力下降。反之，自信心十足可以使人精神旺盛、情绪高涨，脑细胞的活动能力大大增强，相应地，记忆力也大大提高了。

（4）找出适合自己特点的记忆方法。每个人在不同的时间、环境、动作、方式下的记忆效果大不相同。例如有人早晨记忆力好，有人晚上记忆力好；有人边走边记忆效果好，有人在安静环境下记忆效果好。因此，每个人都应该在实践中找出自己记忆的"黄金时间"最佳方式。

（5）培养对记忆对象的兴趣。记忆力与兴趣关系密切。兴趣是增强脑细胞活动能力的动力。例如一些球迷在看一场精彩的球赛时，能毫不费力地记住比赛中的每个精彩场面。

（6）强烈的动机可以促进记忆。动机是记忆的原动力，动机越强，记忆力就越强。例如两个人自驾去一处都没去过的地方，开车的人一般能清楚地记住走过的路线，而坐车的人则往往记不清楚。

（7）要与令人愉快的事物相联系。令人愉快的事物能使人消除枯燥感，对记忆产生兴趣。记忆时，把要记忆的枯燥信息与令人愉快的事物相联系，枯燥便可化为兴趣，同时提高记忆效率。

（8）刺激可以使脑细胞得到锻炼。人要在不断接受刺激的环境下生活,大脑才能不断得到锻炼,才能长时间保持敏锐,否则会未老先衰。

(9) 细致的观察能够帮助记忆。细致的观察在于了解记忆对象的本质特征和细节,这对记忆大有好处。要学游泳,坐在家中看关于游泳练习方法的书,不如到游泳池去看别人游学得快,因为游泳池给了你细致观察游泳动作的机会。

(10) 用理解帮助记忆。对记忆对象的充分理解有助于记忆。特别是在记忆那些复杂的物理公式时,只要理解了公式的含义和推理过程,就更容易记住。这是因为理解使记忆变得容易。

记忆的诀窍可归纳为:

背诵——记忆的根本　　理解——记忆的基础

趣味——记忆的媒介　　应用——记忆的动力

卡片——记忆的仓库　　争论——记忆的益友

重复——记忆的窍门　　联想——记忆的捷径

(三) 生理心理学

生理心理学是研究心理现象和行为产生的生理过程的心理学分支。它试图以脑内的生理事件来解释心理现象,又称生物心理学、心理生物学或行为神经科学。首先提出生理心理学这一学科名称的应是《生理心理学纲要》的作者、实验心理学的创始人冯特。

生理心理学是心理科学体系中的重要基础学科,它除了以人为研究对象还以各种实验动物为研究对象,研究心理现象与行为的生理学机制。随着心理科学、生物学、神经科学的发展,生理心理学超越了传统生理心理学的视野和方法,越来越明显地表现出自身多学科交叉的发展特点和趋势。科学家拓展了这个领域,用不同的名称加以表现,如生物心理学、行为神经科学、行为脑科学等，这些名称也反映出揭示行为的脑机制的基本目标。这一学科的发展将行为水平的研究方法应用到神经生物学微观领域，同时将神经生物学研究方法应用到心理学领域，多学科、多方面、多角度、多层次对心理现象与行为展开研究。

（四）积极心理学

积极心理学是 20 世纪末首先兴起于西方（主要是美国）的一场重要的心理学运动，它是在总结了人格心理学、人本主义心理学和 20 世纪五六十年代心理健康运动的研究成果基础上而兴起的。积极心理学的创始人是当代著名心理学家、美国心理学会（APA）原主席马丁·塞利格曼（Martin Seligman）。积极心理学致力于研究人的发展潜力和美德等积极方面。

积极心理学倡导心理学不仅要研究人的各种心理问题，更要研究人自身所具有的种种积极品质，主张心理学要以人固有的、实际的和潜在的具有建设性的力量、美德和善端为出发点，用一种积极的心态来对人的许多犀利现象包括心理问题做出新的解读，从而帮助普通人或具有一定天赋的人最大限度地挖掘自己的潜力并获得良好的生活。总之，挑战传统的病理性心理学、实现心理学研究价值的重新回归、研究人心理的积极方面和人所具有的积极品质以及对个体或社会所具有的问题做出积极的解释，是积极心理学研究的主线。

积极心理学的宗旨在于帮助人生活得更美好而不仅仅是普普通通地活着。每个人活着的真正意义在于生活，在于生活幸福。积极心理学以一种平衡的观点来研究人及人类社会的积极潜力和积极品质，从而把人摆到了一个至高无上的地位。

以上是现当代心理学发展的主要流派，当然，除此之外，诸如进化心理学、生态心理学、神经认知等也是心理学的新发展方向。心理学的发展一直在路上。

参考文献

[1] 叶浩生. 心理学通史 [M]. 2版. 北京：北京师范大学出版社，2019.

[2] 戴维·霍瑟萨尔. 心理学史 [M]. 4版. 郭本禹，译. 北京：人民邮电出版社，2011.

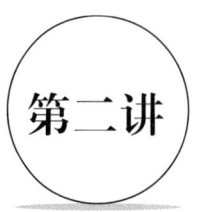

第二讲

梦仅仅是梦？——精神分析心理学

古希腊、古罗马的先民认为，梦和自己信仰的超自然界有联系，梦实际上是神在传递旨意。他们认为，梦对人类有特殊意义，可以预测未来。有两种明显对立的思想影响着对梦的解释：一种认为梦是真实的和有价值的，可向梦者提出警告或预言未来；一种认为梦是空洞而无价值的，其目的在于使梦者误入歧途或导致毁灭。

亚里士多德认为梦并非来自神明，不是神的旨意，而是遵循人类自己的精神法则，他把梦定义为"睡者在睡眠时所产生的心理活动"。

古代罗马哲学家马克拉比（Macrobius）和阿尔米多鲁斯（Artemidorus）把梦分为两种：一种指向现在或过去，不影响未来，它是精神活动和幻想，或某些精神活动的延伸（比如噩梦）；而第二种梦则决定未来，包括有直接神示的梦、预示未来的梦、比喻梦等。

上述无论哪种观点，都一致认为梦对人类有价值，因此解梦方兴未艾。但无论哪种解梦方式，都无法确切解释梦的某个含义。弗洛伊德基于大脑的活动机制，从梦的起因、梦的素材、梦的心理特征、造梦机制、造梦过程等方面，完整地论述了梦，第一次用科学方法来解释梦。

弗洛伊德秉持人性决定论观点。他认为，人们的行为由无意识动机、非理性力量及生物和本能的驱力所决定，人从出生到六岁这六年是心理发展的关键阶段，发展出以上这些驱力。本能在弗洛伊德的理论中处于关键地位。弗洛伊德在理论建立早期，采用"力比多"这个术语来指代性能量，之后他拓展了这一概念的范畴，用"力比多"囊括了所有本能的能量。本能是人类生存、成长、发展及创造的基础。弗洛伊德还发展出"生本能"和"死本能"这对概念。他把所有令人快乐的行为都纳入生本能的范畴中，他认为人们大都在追求快乐、回避痛苦；死本能则是攻击性的驱动力，是一切不好的行为和无意识（又称"潜意识"）愿望。而人类终其一生都在平衡这两种本能。

　　可以这样说，弗洛伊德开创了一种心理治疗的方法。他为心理治疗提供了新的视野和角度，探讨了激发行为的心理动力学因素，他将注意力放到了无意识上，还发展出第一个用以理解并修正个体基本人格结构的治疗程序。他的理论和方法从根本上改变了我们对于人类心理世界的看法，也引起我们观察自身方法的革命，他的理论影响甚至超越心理学领域本身，举凡20世纪的文学、哲学、史学、宗教等，以及其他许多的社会实践领域无不打下精神分析的烙印。此后的大部分心理咨询和治疗理论都受到精神分析理论和技术的影响，有些治疗方法可能是对精神分析疗法的拓展，有的可能是对精神分析疗法的修正，还有的则可能是对精神分析疗法的驳斥。弗洛伊德曾经在《精神分析的困难之一》一文中谈到，有三次革命给人类的自恋观念以沉重打击：一次是哥白尼的"日心说"，颠覆了人们"地心说"观念；一次是达尔文的"进化论"，颠覆了"人类造物主"观念；一次则是弗洛伊德的人的本能理论，认为人的行为主要被本能、情欲和无意识机制驱使，而不是像表面呈现的那样由理性决定。他指出：宇宙学、生物学、心理学这三次革命的每一次都使人的形象受损，使人这个形象越来越带有相对性，越来越失去自主性。因此，其理论在形成的过程中受到来自各方的挑战，弗洛伊德历尽曲折，顽强拼搏，在实现自己的理想、探索人类心灵奥秘的过程中，表现出无与伦比的毅力与智慧。

一、弗洛伊德的生平

（一）初露天赋的学生时代

弗洛伊德于 1856 年 5 月 6 日出生在奥地利摩拉维亚的一个小镇——弗莱堡（现为捷克的普莱波）。其父母都是传统的犹太人，母亲是他父亲的第三任妻子，比父亲小 20 岁。弗洛伊德还有两个已经成年的同父异母的哥哥。弗洛伊德的母亲贤惠温和，对弗洛伊德一生影响深远（图 2-1）。

图 2-1 青年弗洛伊德与母亲

弗洛伊德 4 岁时全家迁至维也纳，此后他大部分时间都在维也纳度过。父母很重视对他的教育，从小教他读《圣经》，教他学习社会实践知识，还教他关于犹太教法典和生活经验的知识，弗洛伊德从这些教典中习得的知识为他后来研究宗教打下了坚实的基础。

弗洛伊德从8岁起就开始读莎士比亚的作品，很钦佩莎翁关于人生意义的精辟阐释，许多精华部分他都能倒背如流。9岁时，他以优异的成绩直升中学，并在中学的学习过程中始终保持年级第一名。他不仅成绩优异，也关心时事，他的书桌上永远摊着一张地图——他时刻关注着战争的动向。17岁时，他以全优的成绩毕业并考入维也纳大学医学院。

弗洛伊德热爱学习，求知欲强，尽管家庭不富裕，但是父母还是为他打造了单独的学习空间。除了课本知识，他广泛涉猎课外知识，尤其喜欢歌德、莎翁的作品，大量阅读为他打下了坚实的语言基础。除了母语希伯来文，他精通拉丁文和希腊文，熟悉法文和英文，还自学了意大利文和西班牙文。他最喜欢的还是英文，以至于在服兵役期间，第一次从事翻译工作就是把英文翻译成德文。

在大学里，弗洛伊德更广泛地涉猎其他学科的知识，尤其爱好生物学。他在实验室大量地练习解剖和学习生理学知识，解剖了400多条鳝鱼，终于在显微镜下发现了一种小叶状的生殖腺结构，还就此发表了他的首篇论文。

在大学里，弗洛伊德得到布吕克（Bruck）、克劳斯（Claus）等名师的指点，为他的科研之路打下了基础。大学期间他就进入生理学家布吕克的生理实验室工作，在这里他结识了影响他一生的亦师亦友的同事约瑟夫·布洛伊尔（Josef Breuer）。布洛伊尔比弗洛伊德大十几岁，他们后来合作完成了多部著作。在实验室，弗洛伊德主要从事中枢神经系统的解剖。他在实验室中做出的神经纤维系统方面的研究，在当时也算是一流的成果。他甚至立志在生理学的研究上进一步成长。

1880年弗洛伊德应征入伍。部队生活让他有更多的时间读书，他

再次学习了柏拉图的学说。其中"知识即回忆"的学说启发他回想童年时代及一切过往经历。在这期间，他翻译了英国哲学家穆勒的五篇著作。

（二）崭露头角的青年期

弗洛伊德于 1881 年 5 月获得医学博士学位。毕业后，他继续在布吕克的实验室工作，希望在这里开始他的研究之路。1882 年到 1885 年，他在外科、内科等各科室实习，积累了丰富的临床经验。1884 年，弗洛伊德转为神经科医生。他发现可卡因具有增强耐力、提高心理素质等作用，于是展开了深入研究。他参考了许多文献，但是没有人愿意做他的被试，他只好在自己和亲人朋友身上做实验，然后根据收集来的素材写成论文《论可卡因》，并把这种药物介绍给眼科医生作为眼科手术的局部麻醉剂，获得了成功。后来，他父亲的青光眼手术就是在这种局部麻醉下进行的。

1885 年，弗洛伊德被任命为维也纳大学医学院神经病理学讲师。这年秋天，他来到巴黎留学，跟随著名的神经病学专家让－马丁·沙尔科（Jean－Martin Charcot）研究精神病、癔症和催眠疗法。在那里，弗洛伊德从神经系统病理学和组织学的研究转向神经病临床治疗学，专注地研究幼儿大脑和脊髓的退化现象。在跟随沙尔科学习的过程中，他第一次见证了催眠术的神奇功能，第一次看到精神刺激对于身体的控制作用——在催眠中人的肉体可以不自觉地、无意识地接受精神刺激的摆布。弗洛伊德还参加了沙尔科的一系列实验和讲演，首次听说了"男性癔症"这个概念。沙尔科曾讲到病人的障碍可能和"性"相关，这也影响了弗洛伊德——他后来强调性在精神病因中的作用。

1986 年，弗洛伊德回到维也纳写了《关于男性癔症》的学习成果报告，因为当时传统的看法是癔症属于妇科疾病，故他受到医学界的冷落甚至反对。当时维也纳医学界根本不接受"男性癔症"这个概念，可自信乐观的他不改初衷继续研究，并在此后的工作中用从沙尔科那里学来的催眠技术治疗病人。

1889年，弗洛伊德到法国东北部的南锡向催眠术南锡学派领导人伊波利特·伯恩海姆（Hippolyte Bernheim）学习催眠术。在那里，他有机会观察伯恩海姆催眠的全过程，很受启发，直接引发了他关于无意识的思想和精神分析方法的萌芽。

（三）卓有成效的成年期

在布吕克的实验室工作时，弗洛伊德经常与布洛伊尔讨论病人及病情，一起用催眠的方法给病人治病。他们发现在催眠状态下，病人会谈及自己的困境及痛苦的往事，当病人述说自己的压抑后，情绪得到发泄，症状也就慢慢消失了。但是不久，弗洛伊德发现，催眠疗法存在问题：一是效果不稳定，二是许多患者并不能接受催眠治疗（大约有三分之一的患者不能接受）。后来，弗洛伊德慢慢放弃了催眠疗法，只保留了其中的自由联想谈话法。布洛伊尔与弗洛伊德合作完成的《癔症研究》一书被认为是精神分析学说的开始。

弗洛伊德的父亲于1896年10月去世。在怀念父亲的过程中，通过自由联想，回忆过去的种种经历，他发现自己感情和性格的根源在于童年，自己的习惯化行为、无意识动作都和童年相关。他还通过自由联想去分析梦的重要含义，这促使他写成《梦的解析》（也被译为《释梦》《梦的解释》等）一书。他基于对母亲的特殊感情及对父亲的排他性的研究，进一步创立了"俄狄浦斯情结"说。

弗洛伊德在《梦的解析》一书里详细描述了他的梦，分析和说明了梦的意义，发掘了梦所潜含的思想、愿望。在该书中，他提出心理过程的动力学观点、无意识、前意识、意识、快乐原则、本我、自我、超我等概念。该书被后人认为是精神分析史上的一部里程碑性质的著作，但当时的社会反响很不好，八年里只售出了600本，在维也纳大学开课时只有3个听众。

1901年，弗洛伊德在杂志上发表了《日常生活心理病理学》，1904年出版了《日常生活心理病理学》单行本，在书中描述了过失及遗忘等概念。他从日常生活中常见的失误、遗忘、笔误行为等入手，挖掘了潜意识过程对人的行为的制约性，说明了潜意识的活动和对潜意识的压抑不仅存在于变态心理活动中，而且广泛存在于正常人的心理活动当中。弗洛伊德说，引起偶然失误的东西，也许反映了人们真正的动机，只是这种动机还未被认识到。有专家认为该书与《梦的解析》都说明弗洛伊德的理论不仅适用于病人，也适用于正常人。

1902年，弗洛伊德被提升为副教授，他与其他四位同事组建了一个心理学学会，于每周星期三下午开会，讨论精神分析的问题，并把每次讨论的情况写成一个书面报告，发表在《新维也纳日报》的星期日版上。这个学会就是著名的维也纳精神分析学会的前身。

1905年，弗洛伊德出版了《少女杜拉的故事》一书。这是一个病例报告，这个病例引发弗洛伊德很多思考，从中，弗洛伊德得出，所有的心理症患者都是具有强烈性异常倾向的人，这种倾向在他们的发展过程中受到压抑而进入潜意识。可是潜意识激动势力要求解放的冲动，总是尽可能地利用已有的发泄通道。

弗洛伊德于1905年发表了由《性变态》《幼儿性欲》和《青春期的改变》组成的《性学三论》。《性学三论》是弗洛伊德对病人性问题的思考，这三篇文章讨论了性异常的病理、性的发展过程、性动力理论及性动力在人类行为中的种种表现，系统研究了幼儿期性欲的发展及性欲在青春期的变化，论证了性动力对无意识形成的决定性作用，进而提出"俄狄浦斯情结"。他对性欲与人格的心理性关系如此系统的研究，这在人类认识自身历史上不仅是第一次也是唯一的。弗洛伊德的性决定论遭受广泛抨击，他也试图在日后的研究中修正他的理论，但是未能成功。《性学三论》与《梦的解析》后来成了弗洛伊德的成名作。

（四）独树一帜的壮年期

从1906年起，弗洛伊德与卡尔·古斯塔夫·荣格（Carl Gustav Jung）保持定期的学术联系。弗洛伊德欣赏荣格的学术才能，甚至有把荣格当作其学术继承人的想法。但荣格有他自己的学术理念。荣格与弗洛伊德最大的分歧是在关于"力比多"的实质问题上，弗洛伊德认为"力比多"为性爱，荣格则把"力比多"看作普遍的生命力，认为性爱只是其中的一部分，强调人们会主动追寻生命的意义。1919年荣格辞去国际精神分析学会主席，退出了学会。此后荣格创立了分析心理学并结出了丰硕成果。

阿尔弗雷德·阿德勒（Alfred Adler）与弗洛伊德的分歧也在于是否同意性决定论。阿德勒于1902年参加了维也纳精神分析学会，他发展了一种在很多方面与弗洛伊德的理念不同的人格理论。他的方向指向未来，而弗洛伊德更强调过去；他强调意识的作用，而弗洛伊德强调行为的无意识决定因素；他不同意性是动机的原始基础，称自卑感才是动机，强调人与生俱来的内在动力为权力意志和追求优越，他还认为影响人们的不是早年经历，而是人们对早年经历的解释。1911年两人之间的分歧达到顶峰，导致两人分道扬镳。

1909年弗洛伊德与荣格等人赴美讲学，标志着弗洛伊德的理论开始得到承认。这次讲学获得很大成功，使他的理论在美国进一步推广。1910年，他把这些讲稿汇编成《精神分析引论》，该书的出版使他的研究进入了一个新的发展阶段，它标志着弗洛伊德开始自觉地意识到他在心理学上的发现具有更加广泛的意义，能够对人类的许多重大问题作出远远超出精神病学范围的解释。弗洛伊德的美国之行拉开了他的学说在美国普及的序幕，美国的支持者积极宣传他的学说，使他的学说在美国占据了长久的统治地位，也影响了美国的文学和艺术。

1910年，在纽伦堡召开了精神分析学会的第二次国际会议。此后，弗洛伊德成了国际级的知名科学家，他的学说传播到世界很多国家，"精神分析学运动"国际性学术活动广泛地开展起来。阿德勒和荣格也自立门户，创立新的精神分析学说的分支，促进了精神分析学说的发展。

1910年及此后十年，是弗洛伊德在理论方面的多产期，他提出了自恋理论，发表了一系列关于精神分析技术的论文，出版了《原始语言的对偶性意义》《恋爱生活对心理的寄托》《精神分析学论文集》《爱情心理学之一：男人选择对象的变态心理》《列奥纳多·达·芬奇对幼儿期的回忆》《图腾与禁忌》《精神分析学入门》《处女之谜——一种禁忌》《一个神经质儿童的故事》《恶心的东西》和《孩子挨打》等数十部著作，他还创办了《意象》杂志。

1919年，弗洛伊德终于被提升为维也纳大学的正教授。

（五）笔耕不辍的晚年

弗洛伊德的后二十年也是他与病魔和不幸抗争的二十年。1920年在医院检查时，他被发现右颚明显膨胀。接着，亲人挚友相继去世、战争给精神分析带来的灾难等让他心力交瘁。1923年他被确诊患了口腔癌，到 1939 年一共做了三十三次手术。但他仍然顽强地工作，致力于在理论上寻求突破。他提出了"生本能"与"死本能"这一对概念，以完善之前的性本能说。本我、自我、超我人格结构理论的提出，完善了无意识、前意识、意识的心理结构理论。同时，童年及学生时代积累的宗教知识，结合精神分析理论，促使他在文学上进行极具开拓性的研究，在此基础上他写就了《超越快乐原则》《一个女性同性恋病例的心理成因》《群体心理学与自我的分析》《梦与精神感应》《自我与本我》《受虐狂的经济问题》和《精神分析概要》《陀思妥耶夫斯基与弑父者》《文明及其不满》等著作。这些作品奠定了弗洛伊德在文学艺术史上的地位，他因此于 1930 年获得了德国歌德协会颁发的歌德文学奖。

1938 年，纳粹占领了维也纳，焚烧了弗洛伊德的书，迫害他的家人。弗洛伊德被迫流亡英国，1939 年 9 月 23 日，弗洛伊德于伦敦去世。

二、弗洛伊德精神分析理论发展阶段

（一）意识三分理论

1895 年至 1905 年是弗洛伊德的精神分析理论的创立时期，这个时期弗洛伊德提出了他的第一个关于人类精神结构的理论，即"无意识、前意识与意识"理论。这一理论建立在对神经症、梦和过失行为研究的基础之上，因此这三者自然成为精神分析的三大临床领域。通过对这三大领域的研究，弗洛伊德完善了以"自由联想法"为核心的一整套分析方法与谈话治疗的技术。

冯特认为，心理的本质特征是可意识性，心理学研究人的意识。弗洛伊德不同意冯特的观点，他同意另一位与他同时代的哲学家特奥多尔·利普斯（Theodor Lipps）的观点，即"无意识问题，不是个心理学问题，而是心理学的唯一问题"，利普斯认为"一切精神都是无意识的，只有一部分能被意识到……，必须认为无意识是精神活动的总基础"。但是弗洛伊德认为的"无意识"不是哲学家所说的"无意识"，甚至不是利普斯所说的"无意识"，他们只用"无意识"表示"意识"之外，只是在争论意识活动之外是否存在无意识活动。

弗洛伊德认为，心理结构主要是无意识的，无意识是精神生活的基础。任何意识都有个无意识的初始阶段，而无意识内容可以不发展，但也叫"精神活动"。无意识是真正的心理真实，其本质未知，就像物质的本质一样未知，意识能传递的信息太少，就像五官对物质世界的感知一样不全面。

弗洛伊德通过解析神经症（以癔症为例）和梦，发现无意识精神活动由两个系统的功能完成，所以有两种无意识，两者都是心理学意义上的无意识。无法进入意识叫无意识，而满足某些条件后能够被意识到的叫前意识。前意识要被意识到，必须经过固定的关卡，前意识系统是无意识和意识间的屏障，它将两者隔开，掌控随意运动，控制精神能量的分配。

弗洛伊德认为意识像一个器官，可以意识到各种刺激，但无法保留变化的痕迹（即没有记忆）。精神装置用五官感知外界，意识则感知精神装置这个外界，这就是意识的功能。他认为，兴奋刺激会从两个方向流向意识：第一，从五官来，各种兴奋在抵达意识之前可能要先经过修订；第二，从精神装置内部来，一系列不同强度的快感或痛苦，经过修订抵达意识，会变成不同质的情绪。五官感受到刺激后，能够给正在经受刺激的那个感官通道分配一定的注意力，各司其职，自动调节精神能量的配给。意识系统这个总感官也有这种功能，当它意识到新东西后，它会启动并立刻重新分配能量。之前能量的流动全然是无意识操控的，当意识"意识"到快感或痛苦后，它会影响精神装置中能量的分配，痛苦回避原则可能是自动调节能量的第一原则。但很可能意识到新东西的意识带来了新的更有力的原则，甚至能够对抗第一原则，能够提升精神装置的能力，因为它能对抗第一原则，使精神装置关注并完成痛苦的事。

意识感官的调节作用极大，它能调用大量的注意力。意识最大的价值就体现在这里，所以人类比动物更能调整自身的行为。精神活动都是同质的，只是因为附着的是快感或痛苦而不同。为了使思维升级，人类思维和语言结合了，只言片语就足以吸引意识，使思维活动能从意识中获得额外的关注。

前意识和意识之间也有类似无意识和前意识之间的那种审查。这种审查在一定限度内不会启动，以致某些思想能够避开。思想无法进入意识，或只能有限制性地进入。它们都指向意识与审查之间紧密的交互关系。

弗洛伊德认为，无意识真实存在，梦中出现的某些精湛本领就是无意识活动的结果，它是无意识幻想的结果（可能来自性冲动），这些幻想不仅出现在梦里，还出现在癔症性恐惧症等病症中。人在梦中继续完成日间未竟之事，甚至从梦中获得重大灵感，只需撤去梦的伪装，即可明白那是睡眠中思考的结果，这说明人的心灵深处有未知力量在帮忙，这种智力成果所依靠的精神力量也创造了白天的任何类似结果。弗洛伊德通过研究歌德、赫尔姆霍茨等著名文豪的生平发现，他们的核心作品都不是一步步码出来的，几乎都是以成品的形式出现的。类似情况需要所有的精神力量一起发力，意识活动肯定也会参与，日间被压抑的冲动，在夜间得到了深藏的兴奋源的驰援，所以表现成了梦。但古人对梦的敬畏是出于对人类灵魂中不可控制且永恒存在的力量的敬畏，是对于产生梦的欲望以及我们发现在我们的潜意识中起作用的"恶魔般的"力量的崇拜。

因此，弗洛伊德认为人格结构有以无意识为主的无意识、前意识和意识三个层次。意识指的是人们平时能觉察到的心理活动，对人的行为支配是最无力的；无意识是指被压抑的欲望、本能冲动及其代替物，以本能的欲望尤其是性本能欲望为主，它不能被本人意识到；前意识是一道屏障，阻止无意识中那些不为人接受的观念、想法混入意识层面；无意识虽然被阻止，但它仍然是人思想活动的内驱力，是一切行为的出发点和立足点。弗洛伊德认为无意识、前意识和意识三者相互作用、和谐互动，由此得出冰山模型理论（图2-2），即无意识在冰山之下，意识是露出水面的部分，在无意识和意识之间就是前意识。在整个人格结构中，无意识占据了绝大部分，而意识只是露出海平面的冰山的一小部分。从本质上来说，这不仅是一种人格结构模型，也是一种人格动力学模型。

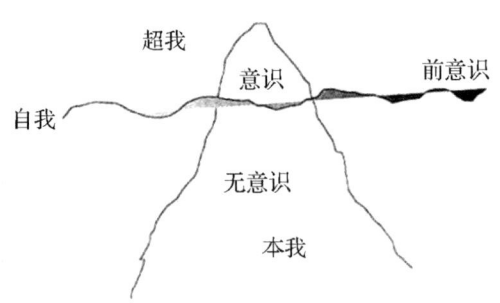

图2-2　冰山模型

通俗地讲，意识指的是心理结构的表面，是人的知觉活动；无意识指的是隐藏在知觉之下的部分，储存着我们过往经历的种种压抑，是我们无法触及的部分；前意识则是意识和无意识之间的筛子，是暂时潜伏起来的或者是经过乔装的无意识部分。

（二）过渡时期

1. 纵深发展

1905 年至 1920 年是弗洛伊德理论发展的过渡时期，其纵深发展以《性学三论》为代表。《性学三论》是对弗洛伊德从接触神经症与精神病之初就时时遇到的性问题的观察总结。在这部著作中，弗洛伊德详细地阐释了与性变态有关的问题，研究了幼儿期的性欲发展及青春期性欲的变化，并得出"俄狄浦斯情结"理论，提出性欲与人格的心理性关系。弗洛伊德的"性欲决定人格"的观点受到了广泛抨击。晚年的弗洛伊德亦曾试图对自己的理论做根本性修改，但迄今为止，仍没有产生新的系统性的足以替代弗洛伊德的新理论。

2. 横向发展

弗洛伊德理论横向发展的代表作是对达·芬奇作品的分析和写作《图腾与禁忌》等，使得精神分析从临床领域扩大到人类学、神话学、文学、宗教学等领域。这一扩展意味着精神分析从个体研究与治疗的层面进到群体研究与治疗的层面，同时亦代表精神分析从生物学研究转向文献学研究。同时，弗洛伊德与荣格的访美之行使精神分析在美国蓬勃发展，新的精神分析学会在欧洲大城市纷纷建立起来。阿德勒与荣格以及后来弟子们的自立门户也代表了精神分析的进一步发展，他们的理论是弗洛伊德理论的衍生物，这些理论不能脱离弗洛伊德的理论单独存在。

（三）人格三分理论：本我、自我和超我

1920 年以后，弗洛伊德不断发展他的理论，在后期的学说中，他

发现以无意识、前意识和意识三个系统组成的心理结构来解释人的心理活动还有不足,而且很可能引起混乱,所以改以本我、自我和超我的人格结构(图2-3)来替代和包容之前的划分,而把无意识、前意识和意识看作是精神过程的三种品质。弗洛伊德后期的人格结构说并未排斥前期的心理结构说,而是将其包容进来,并在论述本我、自我和超我的内涵、关系和作用时,融进了有关无意识、前意识和意识的思想。他认为除了本我是无意识之外,自我和超我都兼有无意识、前意识和意识的性质与特点,这样,心理活动之间的相互冲突与调和既可在同一心理结构水平之内进行,也可在不同的水平之间进行。弗洛伊德人格结构说强调的是心理动力,本我、自我与超我分别为不同的心理动力系统。注意,这里的"系统"指的不是空间概念,而是指心理能量在三者之间的分配,三者之间并没有明确的界限,它们不断地变动和迁移。因为能量数量有限,如果一个系统获得了主要能量,另外两个系统就会失去一定的能量,而个体的行为则由能量所决定。

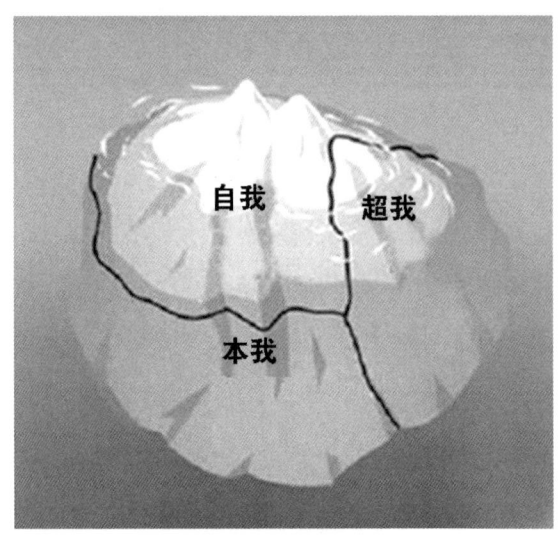

图2-3　人格三结构

1. 本我（id）

本我，与早期的无意识概念接近，是人格结构中最原始的部分，也是非理性的，无法被意识到的，从个体出生时起即已存在。本我包括人类本能的性的内驱力和被压抑的习惯倾向，包含本能的一切心理能量之源。本我缺乏组织，是盲目、一味要求且顽固的。弗洛伊德说本我像是一团混沌的充满沸腾的大锅，它无法容忍紧张，一有压力会立即予以消除而恢复至平衡状态。本我遵循享乐原则，即致力于减轻压力、避免痛苦及获取欢乐；本我没有逻辑与道德概念，完全依享乐原则去满足本能的需求。本我永远不会成熟，是人格结构中被"宠坏的小鬼头"，它不会思考，只会希望或行动。本我也不知道价值判断，不知道什么是好的什么是坏的，也不知道什么是道德的什么是不道德的。本我属于无意识的范畴，我们无法察觉到。

弗洛伊德认为，人的基本心理能量即"力比多"被围困在本我中，并且是通过减少紧张状态的意向表现出来。"力比多"能量的增加导致紧张状态程度的增加，于是个体希望减少这种张力，这时，它必须和外面的世界进行交换作用，在这种互动中，自我就从本我中发展出来了。

2. 自我（ego）

本我是盲目躁动的，它缺乏理性和判断，不顾外部世界的状态，若要与外界进行和谐交流以获得舒适的紧张水平，就必须要自我从中调停。因此，本我需要和现实环境之间进行有效的和适当的联络，在这种互动中，自我从本我中发展出来。自我充当了本我与外部世界之间的守门员、判断者，自我所代表的就是通常所熟知的理性与正确的判断，它和本我的情欲形成鲜明的对照。自我跟外界的真实世界是有接触的，对人格起着治理、控制和调整的作用。它又负责着本我、超我与外部世界之间的联系。自我控制着意识及感官知觉的运作。自我依附于本我而存在又来源于本我,它运作的力量亦来自本我,它服务于本我,总是力图使本我得到满足。自我知道现实,知觉和操纵现实,并参考现实来调节本我,因此自我是按照现实原则进行运作的。

在现实原则的指导下,自我会从实际出发,合乎逻辑地思考,并拟定计划以满足个体的需求。它可以暂时放下本我追求快乐的需要,而追寻一种能满足需要,减少或者解除紧张状态的适当客体。弗洛伊德把自我和本我的关系比喻为骑士与马的关系。马提供能量,而骑士指挥马朝着他想去游历的目的地前进。自我是智力与理性的栖息地,它可以对本我盲目的冲动加以检查和控制。本我只了解主观现实,而自我则能分辨内心想象与外界现实之间的差别。

3. 超我(superego)

弗洛伊德说:"由我们看来,超我是一切道德限制的代表,是追求完美的冲动或人类生活的较高尚行动的主体。"超我是人格的司法部门,它掌管着个体的道德规范,关心的主要是行为的好坏与善恶。它代表的是理想而非现实,它追求的是完美而不是快乐。超我代表的是世代相传的传统价值观与社会理想。超我从童年早期开始发展,将父母与社会的标准进行内化,儿童接受了父母教导所用的一系列奖赏和惩罚的行为规则。"坏的"(即招致惩罚的)行为成为儿童良知的一部分,而良知则是超我的一部分,自我理想则是超我的另一部分。因此儿童的行为起初是由父母来控制的,但随着超我的产生,其行为就由自我控制来决定了。这就是说,个体本身决定着行为受到奖赏还是受到惩罚。它与心理上的奖惩息息相关——奖励是自尊和骄傲感,惩罚则是内疚和自卑感。

超我也是非理性的,不过它的非理性不是如本我表现在本能上,而是表现在道德规则上。其功能在于抑制本我的冲动,说服自我以合乎道德的目标来取代现实的目标,并说服自我努力追求完美。超我被描绘成人类生活的高级方向,因此超我和本我处在直接的冲突中,与自我不同,超我不仅力图使本我延迟得到满足,而且使它完全不能得到这种满足。

超我也是与生俱来的。超我的这一特性反映出弗洛伊德的进化论思想,他认为经验可以通过基因变为一个人生来就有的遗产。弗洛伊德认为在能够被遗传的本我中就包藏着无数个自我的残余,当自我从本我中形成超我时,它可能只是早先自我形式的复活,因而超我不仅仅是内隐的父母之声,而且也是古代道德经验之音。

本我、自我、超我这三个部分在人的心理系统内相互作用,表现出人的不同心理和行为。本我具有欲望,超我禁止欲望并命令自我压抑本我。自我必须协调这些命令,同时必须顾及外部世界实现现实行为。如果自我的工作失败了,随之而来的就是精神疾病。精神分析治疗必须指导自我如何战胜本我。

弗洛伊德在《自我与本我》这本书中,对他曾在《性学三论》中提出的"升华"这个概念进行了更深的论述。在《性学三论》中,弗洛伊德仅仅把"升华"作为在体质上性倾向强烈的人可选择的出路。在《自我与本我》中,"升华"的概念得到修正与补充,他认为"升华"是性的"力比多"转为中性的心理能量,它通过儿童的自恋来实现,这一无所约束的能量允许自我实现其功能,但它既可以为生本能服务,也可以为死本能服务。一方面,自我能够适应环境,使自己得以生存;另一方面,自我像死本能一样反对本我的快乐原则。这就使文明进入两难境地,文明社会对自我不断提出更多的要求,来控制非道德的本我而追求文明活动,而不是追求单纯的动物性快乐,但这种要求帮助死本能反对快乐,使幸福的获得变得更为困难,同样使处于文明时代的人们处于一个两难的境地。

三、弗洛伊德关于梦的理论

弗洛伊德于1900年出版了《梦的解析》一书,它是关于梦的系统理论的著作。其要点可归纳为以下五项:(1)梦是失去记忆的重现,儿时不复记忆的事,可能成为梦的内容;(2)在失去的记忆中,多数是失意或痛苦的,因不愿记忆而将它排出意识,并压抑在无意识里;(3)梦的内容不合逻辑,大多带有幼稚与幻想色彩;(4)梦的起因多数与本能的性欲冲动有关;(5)梦是在伪装形式下隐藏欲望的实现。梦的学说在精神分析史上占据着重要的地位,有了梦的学说,精神分析才由心理治疗法发展为心理学。梦的学说始终是精神分析最特别而其他科学所绝对没有的东西,是从民俗及神话的领域夺回来的新园地。因此,释梦不仅成为精神分析的一种重要方法和技术,而且使人能够更深入地了解无意识的性质、功能、活动特点及无意识与意识的关系。

(一)梦的本质

亚里士多德曾经说过,梦是睡眠时的一种心灵的活动。弗洛伊德引用并发展亚里士多德的观点,他认为梦并不说明部分思想休眠、部分思想清醒,他把梦比喻成"出自音乐家之手的乐音"。他认为梦是实在的心理活动,是一种完全合理的精神现象,实际上是一种愿望的满足。有些梦的愿望一目了然,有些梦的愿望往往以各种方法掩饰着而难以辨认。所以,梦是一种清醒状态下精神活动的延续,和清醒状态下的思维活动等同,是由高度错综复杂的心智活动产生的。因而,梦不是荒诞的而是有意义的,它是被压抑的愿望改装后的实现。当人在睡眠中与外界失去联系时,他就会被重新分配精神力量,原来用以压制无意识而消耗的能量,现在有一部分被节约下来,无意识会利用自己相对自由的这部分精神力量进行活动,那么它将发现出路都已被阻塞了,只有幻觉满足的无害出路通行无阻,从而形成了梦。但是因为梦的稽查这个事实,人们即使在睡眠时也受到压抑,因而无意识不可能完全自由出入。弗洛伊德认为,无意识冲动是梦的真正创造者,梦的形成需要的心理能量都依赖无意识供给,"这个冲动和其他本能的冲动相同,其唯一目的在于自求满足……梦都是本能欲望的满足"。

梦中所要满足的愿望来源于何处呢?弗洛伊德认为,它可能来源于四个方面:第一,愿望在白天可能已经激起,并由于外部环境而未得到满足,这样就给夜间留下一个受承认和未满足的愿望;第二,愿望在白天可能已经出现,但却遭到反对,这样就给夜间留下一个未满足和受压抑的愿望;第三,愿望可能与白天没有关系,而是受到一些潜抑,且只有在夜间才活动的愿望;第四,夜间呈现的实际的愿望冲动(如饥渴刺激和性欲)。

第一种愿望起源于前意识,第二种愿望是从意识中被赶到无意识中去的,第三种愿望位于无意识系统,第四种愿望则是现实的感官刺激引起的。但相同来源的愿望所具有的价值与力量是不同的,因此,弗洛伊德认为,梦实际上来源于无意识,意识的愿望只有在成功地唤起一个类似的无意识愿望去加强它时,才能有效地激发梦。这些无意识愿望总是活跃的,每当发现有机会把自身与来自意识的一个冲动相联系,并把无意识自身较大的强度转移到意识较小的强度上时,梦就产生了。

同样,如果前意识的愿望得不到无意识的援助,也无法产生梦。

(二)显梦与隐梦

美梦是某种愿望的满足,这一点好理解,而我们大多数时候会把生活中的痛苦、恐怖、焦虑带入梦境，难道痛苦、恐怖、焦虑的梦也是愿望的满足吗？弗洛伊德认为，因为噩梦中的焦虑和神经症中的焦虑联系紧密，而神经症性焦虑的来源之一是性活动，也就是"力比多"没有实现其功能时无法发泄。所有这类梦的厌恶感和梦联系起来，梦发生变形，所满足的愿望伪装到了无法辨别的程度。正是因为做梦者厌恶梦的主题和梦满足的愿望，所以在有意压制，于是，梦所呈现的并不是表面的内容，而是经过改装也就是审查后的结果，因此噩梦也是另一种表达愿望的方式。

也就是说，人们在清醒时接触到客观的外界环境，获得了丰富的感性材料，经人脑加工成为个人的经验和表象。在睡眠状态下，这些经验和表象中的一部分重新呈现出来，就成了梦的内容，称为梦境。由于人在入睡后与外界的相互作用减少到最低限度，中枢神经系统的生理活动不同于清醒时，经验和表象重新组合，组合的方式与清醒时并不相同。因此梦的内容虽取材于现实生活，但梦的情景却常显得离奇古怪。同时人的某些需要和愿望、体内某些生理刺激在清醒时均受到抑制，也会直接或间接通过梦境得到一定程度的表现，因此梦境含有两个层面——显像与隐意。

显梦，也称为梦境，就是梦中所见的人、事、物及所有活动，它是梦中显示出来的表面内容，是梦境的表面，属于意识层面，是梦者醒来后能够记忆起来的部分。形成显梦的材料常来源于近期与生活相关的琐事、童年生活经历、躯体内外感官刺激等。

隐梦，也称为梦隐意，就是隐藏在梦中的无意识思想内容、意念，它可能是无意识的愿望，或者是正常心理活动的遗留物，因而梦的内容带有象征性。无意识动机多属本我层面的性冲动或攻击冲动，此种冲动因受自我与超我的管制，不能直接通过行为表现，因而转化为可以被接纳的另一层面。隐性梦境属于无意识范畴，是梦境深处不为梦者了解的部分，是被假象掩盖了的真实的含义，但当事人多不了解其意义。

弗洛伊德认为显梦与隐梦的关系犹如谜面与谜底、译文与原文之间的关系，梦的思想是隐梦，被翻译成另一种语言就成了显性的梦境。显梦与隐梦为什么不一样呢？这是由于梦的稽查作用的存在。他假定，在每个人心中都存在两种精神力量作为梦形成的主要原因。其中一种构成梦所表达的愿望，而另一种对这个愿望实行稽查。为什么要稽查呢？因为产生梦的无意识多是不被社会赞许、受自我抑制的一些邪念、冲动，如利己、恋母情结、过度的性欲等。那么这些愿望怎样才能通过梦得到满足呢？这就需要伪装（或变相、曲解），在精神分析论中解释为防卫方式之一。个人本我的冲动不为超我接受而遭到压抑后，在梦中以伪装方式呈现。所以说，梦就是一种（受压抑的）愿望的（伪装的）满足。那么，这些无意识的愿望是如何伪装而成为显梦的呢？这就要看梦是如何工作的。

（三）梦的工作

梦的工作，也就是做梦的过程。弗洛伊德把为了骗过稽查、绕过抵抗而将梦的隐意转化为梦的显像的过程称为梦的工作。梦的工作过程就是对无意识中被压抑的愿望进行伪装，使之成为梦中显示的情境和人物的过程。无意识愿望只有经过乔装打扮才能混过稽查进入梦境，从而得到满足。而这个伪装的任务就由梦过程来完成，所以说梦就是梦过程的产物。要有效地释梦，就必须了解梦过程是怎样把隐意转变为显像的。

弗洛伊德认为，梦过程是在无意识系统中进行的，它首先要从意识中取得必要的思想材料，然后根据无意识愿望和稽查者的要求对材料进行加工。其加工过程是采取原始人类和幼儿时期的原始思维过程而进行的。梦的工作方式主要有凝缩、移置、象征等。

1. 凝缩

凝缩是指把丰富的梦隐意凝合成内容简洁的梦显像，它是删减的结果，即梦没有逐字逐句地直译或投射思想，而是一个很碎片化的不完整译本。

弗洛伊德认为，与思想的广度和深度相比，梦内容本身简短贫乏，如果梦内容写下来只有半页纸，则解读出的思想可能有6~8页之多，是梦的内容的十几倍。梦不同，凝缩的程度也不相同，即便是已经解读出的梦的思想，如果再继续解读，仍能发现更多潜在的思想。所以，人们无法判断哪个梦被完全解读清楚了，即便解析令人满意，看似无懈可击，如果继续解读下去，总能发现其中隐含的另一层含义。所以严格说来，凝缩的程度无法确定，梦境和思想数量上不成比例。这种比例失调的另一个原因是人在清醒时会遗忘梦内容的一部分，而这些遗忘的部分也可以引出一大堆联想。弗洛伊德认为，梦内容的遗忘并不影响凝缩理论，因为每一个记得的片段都能引发无数联想。

梦的思想和内容之间的关系是梦中的任何元素都被多个思想内定了，而且各思想都被多个元素代表。梦中的每个元素都能指向好几个思想，每个思想也都能指向好几个元素。所以，造梦过程不是一个或一组思想简单相加变成一个符号入梦，而是某种活动掌控所有思想和所有符号，并进行匹配，在力量和数量方面最匹配的符号会获得入梦的权利。这就是梦境和潜在思想之间的关系原则：梦境是根据整个思想造出来的，梦中的每个元素都在思想中被多次确认才确定。

那么，这种凝缩工作又是如何实现的呢？弗洛伊德认为有以下三种实现方式：（1）某种隐意的成分完全消失；（2）隐意中的许多成分，只有一个片段进入显梦中；（3）某些同性质的隐意成分在显梦中混合为一体。这就是说,隐梦与显梦具有复杂的关系。一个梦显示的成分可同时代表若干个隐含的意义,而一个隐含意义又可化为若干个显梦成分,两者之间很难找到一一对应的关系。而且凝缩后的显梦是整个隐梦的复杂组合,是一个新的统一体,所以梦中出现的人物常常是把两个或多个人的相貌结合起来合成一个新人物,而且梦中也常出现可笑的、稀奇古怪的人和事物的组合物。

2. 移置

梦境和相应思想之间还有一层关系,即梦境中突出的元素不是思想的主要元素,确定的核心思想根本没有入梦,梦境围绕自己的核心进行自己的演绎,它一边剥夺高精神价值的思想的能量,一边根据元素出现的频次原则,给低心理价值的思想赋予新的价值,使其出镜。这就产生了做梦过程中精神能量的位置的移动和置换,梦境和相应思想的文本产生了不同,这是做梦的关键一环,叫作移置。

移置,就是使梦显像的元素与隐含的成分在重要性、强度、大小和性质等方面进行置换,使两者不再具有任何相似性,以便更好地瞒过稽查者。弗洛伊德认为梦的移置是为了应对稽查机制而产生的,也就是为了应对作为精神防御的稽查机制。

移置作用主要有两种方式:(1)一个隐含意义的元素不以自己的一部分为代表,而以无关系的其他事物来替代,其性质近于暗喻。比如,弗洛伊德曾经在梦中梦见一个"大胡子叔叔",作为梦境中心的大胡子叔叔和梦境中心思想没有多少关系,经过分析,弗洛伊德的雄心壮志才是该梦要表达的核心思想。(2)其重点由一重要的元素,移置于另一个不重要的元素之上。正因为移置作用的存在,梦中的内容常常是甲变为乙、男变为女、以悲代喜、上下易位、是非颠倒,从而使梦的内容变得面目全非、隐晦难懂。例如梦者经常梦见他人为同性恋者,经过分析,原来他本人的无意识中有同性恋的冲动,这种冲动在梦中表现了出来,为了逃避心理检查,躲过稽查机制,把自己的冲动移置到了别人身上,从而减少心理压力。

3. 象征

所谓象征,就是把梦的隐含意义用与其具有相同性质或有所关联的符号间接地含蓄地表达出来。有时,人们梦中的元素与梦的解释有固定关系,梦元素本身就是梦的隐含意义的象征。因为在日常生活中,很多符号固定或基本固定地被用来指代同一事物。如所有长形物体,如棍子、树干、雨伞、刀子、匕首、长矛等均代表男性,小箱子、柜子、炉灶、洞、船、房间、各类容器等普遍代表女性,皇帝、皇后或其他权威人士代表父母等。弗洛伊德列举了很多类似象征的梦例。梦运用这种象征对其潜隐思想进行伪装,这样在所运用的符号中,这些符号总是不变地或几乎不变地意味着同样的事情。但是,梦中的精神材料可塑性很强,很多符号必须解读为原意,没有象征意义,而有时梦者会从私人记忆中选用任何东西代表思想,如果有大量材料可供选择,他就会选那个与他思想材料有主观联系的符号,即对典型符号的选择赋予其私人意义而不再具有典型符号象征的意义。因此,在解梦时,还是要靠梦者的自由联想,由梦者自己对符号的解读来解析梦的含义。

(四) 梦的解释

释梦,就是解释梦的意义。梦和其他心理活动有同等的价值和重要性,它在传递某种意义,释梦就是把它翻译成可理解的内容,找到梦真正想传递的思想。

弗洛伊德总结出前人有两种不同的释梦方式。

第一种方式是把梦内容视为一个整体的比喻,释梦者试着把它翻译成另一种可理解的形式。但这种"比喻释梦法"遇到情节混乱的梦就不灵了。这种释梦法在古代很常见,用来预言梦的延续,即梦境主要和未来相关,可预示未来,所以可以像解读比喻一样释梦,只不过把时态换成将来时态。这种释梦法会被抬高成一种艺术活动,释梦者需要拥有特殊的天分,成功与否主要靠释梦者的直觉。

另一种释梦法叫"破译法",认为梦中内含密码,根据既定的解码本即梦书,可将其符号翻译成另一种有意义的符号。梦者通过查梦书,找到梦到的各个符号对应的意义,再将它们联系起来,推导出梦的思想。这种方法不仅要考虑梦的内容,还要考虑做梦者的个性和生活环境,所以同样的梦境对不同的人(穷人、富人,单身、已婚等)的含义各不相同。破译法的另一特点是分别解读梦的各个部分而不是整体解读。

弗洛伊德认为以上两种释梦法都有缺陷,暂且不论是否科学,单就应用效果来说,比喻法的应用范围有限,无法总结出普遍适用的规则,而破译法的准确率则完全依赖梦书的可靠程度。

弗洛伊德受布洛伊尔"这些被视为病理性症状的结构被解开了,症状自会消失"这个论断的启发,通过长期对精神疾病特别是恐惧症、强迫症等的研究,发现无意识加工是精神病症与异常行为的根源,而梦是了解病人无意识动机的康庄大道,通过解释病人的梦,可以找到其心理活动中病态观念存在的根源。在分析梦的过程中,他力求使患者心中产生两种变化:一是增强患者对自己的精神感受的注意,让患者意识到自己的无意识动机;二是排除患者平时在脑中筛选思想时所做的批评,引导患者对于脑中发生的观念和思想采取不偏不倚的态度,只是客观地言说出来,慢慢地瓦解病态观念,从而促使心理痊愈。

弗洛伊德的释梦,采取不评价、无批判地自我观察的态度,通过梦者的自由联想，深入梦者的无意识动机，一步步剥掉显梦的伪装，了解梦隐含的真实意义。释梦与梦的形成方向相反，它有自己的原则、方法和程序。

1. 释梦的原则

（1）了解梦者的过往经历。因为梦只是重现过去，梦境中的材料来自近日或早年的生活经验，它们是无意识的代替观念，所以只有了解梦者的过去经历、兴趣爱好及日常琐事才能对梦的各个成分的来源及内涵有所了解，并根据这些代替观念寻求其背后隐含的意义。

（2）关注梦的部分而非整体。因为梦是凝缩的混合体，所以释梦时要把它还原为各个组成部分，并以各个部分作为解释的对象。不必去关注整体，而是要关注梦的各个部分。要先把梦切成无数个小片段，再让梦者展开自由联想。也不需要去关注梦的表面意义合理与否、明白与否，因为这不是释梦所要寻求的无意识思想。

（3）关注联想的内容。释梦工作应以随时唤起代替的观念为限，至于这些观念是否合适，则不必考虑，但要考虑它们和梦的元素是否有关。

（4）不必在意能记得多少梦境。我们究竟能记得多少梦，或记得是否正确，无关紧要，因为记得的梦并不是真事，只是一个伪装的代替物。这个代替物为唤起其他代替的观念提供了线索，使我们得知原来的思想，而将隐藏在梦内的无意识的思想带入意识之内。我们的记忆尽管不准确，且是将代替物再度加以伪装，但是这种伪装本身也是有动机的。

2. 释梦的方法

（1）利用自由联想。显梦的伪装是在无意识中进行的，梦者不能直接意识到梦的隐含意义，因此，需要通过联想予以揭露。释梦时应该让梦者所有的观念自由进入头脑中，至于联想所唤起的代替观念是否合适则无关紧要。必须耐心等待所要寻求的那些隐藏的无意识思想自然而然地出现。

（2）利用象征知识。有少数梦完全不能引起联想，即使引起联想也不是我们所需要的，这时就要利用显梦的元素与隐梦之间固定的象征关系的知识探明隐意。弗洛伊德认为梦里的许多象征对梦者而言是唯一的，但是有几类象征对每个人来说是通用的，例如手杖、伞、竹竿等象征男性生殖器，坑、穴、箱子、口袋等象征女性生殖器，等等。

3. 释梦的过程

通过梦者的自由联想，从梦的表象出发，把对梦的细节所产生的任何联想一一呈现出来，就是释梦的过程。释梦的过程和梦过程相反。梦是思想的凝缩、移置，展现的内容与梦的思想不一致，通过释梦的过程，可了解梦者的背景思想。如果问一个梦者"这个梦让你想到了什么？"他们的大脑一般都会一片空白，不知道该如何或从哪里开始说明自己的梦。弗洛伊德认为释梦的过程可以归纳为以下几点。

（1）可以根据梦境成分的时间顺序，让梦者对这些依次出场的符号、场景、人物进行自由联想，这被认为是最严格、最古典的方法。

（2）也可以请梦者寻找梦中所有前一天的遗痕，选择最吸引人的片段或最清晰、感觉最强的部分开始。经验告诉我们，几乎每一个梦都含有关于前一天的一件事（或数件事）的记忆的遗迹或提示，倘若我们追寻到这些线索，便可发现现实生活中说出来的那些话常在梦中出现。

（3）我们也可以请梦者以梦的内容中特别明了而富于感性的元素开始，通过这些元素联想到以前的哪些事件和他所描述的梦有关联。

（4）如果梦者已经很熟悉释梦的过程，可以不用给他任何指导，让他自己去决定怎样开始。

参考文献

[1] Gerald Corey. 心理咨询与治疗的理论及实践 [M]. 谭晨，译. 8版. 北京：中国轻工业出版社，2014.

[2] 霍大同. 精神分析研究：第五辑 [M]. 北京：商务印书馆，2019.

[3] 西格蒙德·弗洛伊德. 梦的解析 [M]. 马晓佳，译. 长春：时代文艺出版社，2019.

[4] 弗洛伊德. 精神分析引论 [M]. 高觉敷，译. 北京：商务印书馆，2011.

[5] 王小章，郭本禹. 潜意识的诠释 [M]. 北京：中国社会科学出版社，1998.

[6] 霍大同. 精神分析笔记 [M]. 四川省哲学学会成都精神分析中心内部刊物，1999年.

[7] 弗洛伊德. 精神分析引论新编 [M]. 高觉敷，译. 北京：商务印书馆，2013.

[8] 沈德灿. 精神分析心理学 [M]. 杭州：浙江教育出版社，2005.

第三讲

自卑可以超越吗？——个体心理学

当我们还是懵懂少年时，免不了自卑、敏感，有时候甚至会觉得自己人生的天空一片阴霾。但是，别让自卑把你打垮，你可以从阿德勒那本著名的《超越自卑》中汲取力量，自我成长。

提到阿德勒，大家在前一讲中已了解了他的部分理念以及他与弗洛伊德的分歧，还有许多疑问等待我们去解开。如：阿德勒是谁？他创立的个体心理学有哪些核心理念？这些理念对我们的生活有什么影响？我们该如何在生活中运用阿德勒的理念来解决各种问题？

接下来，就让我们一起来了解阿德勒和他创立的个体心理学。

一、阿德勒的生平

阿尔弗雷德·阿德勒（图 3-1）被称为"现代自我心理学之父"，是个体心理学的创始人、人本主义心理学的先驱。

1870 年，阿德勒出生于奥地利维也纳的一个犹太商人家庭，家境很好，家里有

图 3-1　阿德勒

六个孩子。由于有众多兄弟姐妹和小伙伴的陪伴，童年时期的阿德勒十分喜欢与他人融洽相处的感觉，这也对他的一生产生深远影响：为人随和友善，喜欢结交朋友。他在后来的理论中也提到，每一个人都有与他人合作的需求。

阿德勒有一个哥哥西格蒙德，比他大两岁。西格蒙德高大、帅气、活泼、健康，是个典型的"模范儿童"，因此在家庭里深受宠爱。与哥哥相比，阿德勒可谓十分不起眼，他从小体弱多病，3岁的时候得过佝偻病，还亲眼看见得白喉的弟弟在自己旁边的床上死去，5岁的时候得过差点致命的肺炎。阿德勒在回忆自己的童年时说："在我很早的记忆里有一幅画面：一张长条凳，我坐在一头，因为佝偻病而浑身缠着绷带；而我身体健康的哥哥则坐在另一头。他能跑，能跳，想干什么都能毫不费力地做到。而对我来说，做任何事都十分费力……所有人都要花很大的工夫来帮我。"因此，阿德勒在很小的时候就做了一个决定，将来要成为一名医生。他在中年的时候曾经回忆道："我更加确认了我的选择，我必须成为一名医生。对于这个决定，我从来都没有怀疑过。"

在阿德勒18岁的时候，他进入了维也纳大学医学院学习，这个时候的阿德勒已经克服了幼年的身体孱弱，虽然算不上高大壮硕，但他喜欢和朋友们一起游泳、爬山、徒步旅行，更喜欢每晚在咖啡馆里和朋友们讨论哲学或社会问题。

阿德勒从医学院毕业后，开了一家私人诊所，成为一名工作勤奋的内科医生。他在行医的过程中发现了一个有趣的现象，游乐园里的很多表演者都曾有先天的身体缺陷，但他们又都通过锻炼成功地克服了这些缺陷。这让阿德勒回想起自己的经历，他对于这种努力克服缺陷的思考逐渐形成了补偿和过度补偿理论，这一理论已经成了现代心理学理论的基石之一。

阿德勒32岁的时候，收到了弗洛伊德邀请其参加非正式的精神分析讨论会的信件，成为这个小团体的一员。这个团体就是有名的"星期三心理学会"，后来发展为维也纳精神分析学会。弗洛伊德和阿德勒有很多共同之处，比如都成长于犹太商人家庭，都毕业于维也纳大学，都把医生作为自己的主要职业选择。但相差14岁的两人，也有很多不同之处。比如弗洛伊德从事医学职业是为了做研究，而阿德勒更热爱临床医学工作；弗洛伊德强调个体的心理学基础，强调性本能和潜意识，而阿德勒强调个体的社会学基础，强调意识和目的论，并在1911年脱离了精神分析学会，成立了个体心理学会。

1913年到1937年，阿德勒在欧洲和美国的很多大学开设心理学课程，做了很多学术报告和巡回演讲，直至1937年在前往演讲的途中突发心脏病辞世，终年67岁。

二、个体心理学的核心理念

阿德勒的思想在当时非常先进。他的个体心理学孕育了很多现代心理咨询流派的思想种子，比如认为"发生了什么事情不重要，怎么看待这些事情才重要"的认知流派，关注人的潜能和价值的人本主义学派，把驱力、内在需要和情绪作为动机来源的自我决定理论，等等。

正如阿德勒所说，生活带给我们的种种困扰，有关于人际关系的，有关于学习的，有关于情感的，有关于时间的，有关于金钱的，但从本质上来说，困扰都来自心灵。阿德勒的个体心理学，正是对自我的解放，让人能够重新获得心灵的自由。

从弗洛伊德开始，很多心理学家都认为，个体过去尤其是童年的经历，形成了潜意识，并决定着我们的人生。阿德勒却认为，重要的不是过去，而是我们怎么看待过去，我们对于过去的看法，是可以改变的。因此，所谓的"心理症状"是为我们的"目的"服务的。比如，在和他人交往时，你不敢直视别人的眼睛，这可能是一种社交焦虑。在阿德勒看来，探讨这个症状本身并没有意义，但探讨这个症状的目的——或许是"可以宅在家里不出门"，却很有意义。通过目的论，阿德勒把自我从"过去"的束缚中解放出来了。

我们还有很多心理困扰来自人际关系，他人的期待和评价可能会造就我们的骄傲或者自卑，他人以爱之名行控制之实可能会让我们因关系而感到烦恼。阿德勒认为，每个人都有独特的课题，这些课题是相互分离的。我怎么爱你，这是我的课题，你要不要接受我的爱，这是你的课题。每个人如果都过自己的人生，不对他人的人生妄加干涉，人与人之间也就没有那么多纠结。

还有很多人给自己设置了远大的目标，觉得只有每门课都考到很高的分数、考上很好的学校，自己的人生才真正开始。当我们这样去想的时候，我们的现在只是实现未来的工具。而阿德勒的理念与此不同，他强调当下的意义，即现在是我们唯一真正经历和拥有的东西。

以前我们无法在自己的人生道路上向前走，可能会怪原生家庭、怪社会、怪身边的人，但阿德勒把人生的选择权利交到了我们自己手上。我们只要把自己从过去、关系、未来中解放出来，就会发现，我们一直都有自由选择的权利，阻碍我们向前的只是我们自己。而获得自由需要无畏的勇气，勇气是阿德勒个体心理学的关键词，也是我们人生问题的最终解药。对于一个期待改变自己的人来说，勇气是第一位的。

（一）自卑与优越

"自卑与优越"是个体心理学的核心思想，可以说，阿德勒的所有理念都基于这样的假设：我们每个人生来就有自卑感，基于自卑感来寻求优越，从而发展出我们追求优越感的目标，发展出我们个人的生活风格。自卑感还促使我们去合作，去处理好职场关系、亲密关系，发展自己的私人逻辑和行为模式，并在共同体中实现合作。

阿德勒认为，所有人从出生开始，都无一例外地在许多场景中意识到自己客观存在的弱小，这时候产生的感觉就是自卑感。为什么我们人类会有自卑感呢？

首先，人是地球上非常弱小的物种，这个"弱小"是指如果把人丢在自然界，丢在丛林里，其生存下来的概率可能比鸟、野兽、虫子都要低。因为人生来就是弱小的，所以我们需要依靠交通工具才能远行，我们需要和他人合作才能生活下去。基于此，阿德勒认为人生来就具有自卑感，这是人的天性。人的弱小，首先体现在我们在这个地球上是个弱小的物种。

其次，一个婴儿在出生的时候，就是极为弱小的个体。婴儿刚刚出生的时候，他是没有办法独立生存的，必须依靠成人的照顾。饿的时候，可能要通过他人喂养才能获得食物。冷的时候，可能要通过盖被子、穿衣物才能让自己暖和。随着他慢慢长大，当他想要去抓起一个东西的时候，他会发现自己控制不了手的力量。或者当他想要表达的时候，他不知道该怎么表达。这一切都会使人天生地认为"我不行、我不够好、我不如别人"。因此，阿德勒认为，人的自卑感不仅来自我们是一个弱小的物种，还来自我们从刚刚出生开始就需要依赖他人而生活，而在学习和成长的过程中，可能会受到成年人的各种打压，我们的天性会受到各种压抑，会形成"我不够好、我不行"的自我意识或者是潜意识。

最后，我们没有办法独自生活在这个地球上。我们没有办法一个人去掌控周围的环境，我们只有通过合作，才能够在这个世界上生存下去。这种不能掌控周围环境的感觉，也是我们形成自卑感的来源。

所以，自卑感就是觉得"我不太好、我不如别人"，它是一种主观的心理感受。一个看起来非常开朗、非常乐观、非常有能力的人，他的内在也一定是有自卑感的，而且他一定是从一个有自卑感的孩子，在慢慢克服自卑感的过程中长大的。因此，当我们发现自己处于某一个劣势中，只要我们想变得更好，只要我们想改变自己的环境，只要我们还有目标要实现，我们就不可避免地会有自卑感。自卑感是人类特有的一种感受，也是我们的一种主观认定——我们认为自己还有需要改善的空间。除了神经症患者，没有人会觉得自己是完美无缺的，所以有自卑感是正常的。而且，大部分的自卑感都是健康的。可以说，自卑感才是人类得以进步的根本心理动力，如果人类没有自卑感，就不会想让自己变得更好，就不会想让周围的环境变得更好，这个世界也不可能变得更好。

在个体心理学中，有三个和自卑相关的概念：自卑性、自卑感和自卑情结。

自卑性是指处于弱势的、具体的客观事实。以阿德勒自己为例，他个子比较矮，又患有佝偻病，还得过肺炎，从这个角度来说，这些就是他的不足。但是客观的不足是否一定带来自卑感呢？不一定。只有我们在意的时候，它才会触发自卑感。

自卑感是我们通过与他人的比较，主观认为自己不够好，或者主观认为自己还有需要改善的地方，主观认为自己是一个处于劣势的个体。所以，哪怕我们没有自卑性，也可能有自卑感。比如我比旁边的人个子高，在身高这方面我是没有自卑性的，可是面对他的时候，我会觉得我没有他的人生经验丰富，这就是自卑感。一方面，自卑感可能摧毁一个人的意志，让人逃避向前发展，自甘堕落，处于胆小、懦弱、怕事的状态中。另一方面，自卑感也会让人发愤图强，产生"明天要比今天更好"的想法，去弥补自己的弱点。自卑感是每个人都有的，自卑感的存在是正常的，关键在于我们如何看待和应对自己的自卑感。是把自卑感作为激励我们的动力而不断前进呢，还是因为自卑感而畏缩不前呢？

如果自卑感加深到了某个程度，人在这种感觉中纠结，找各种各样的借口，就会形成自卑情结。阿德勒认为"当一个人面对他没有办法适当应对的问题的时候，他认为自己绝对没有办法解决这个问题，这个时候出现的就是自卑情结"。比如"因为我不聪明，所以我没法在考试中取得好成绩"，这就是利用自卑情结来逃避学习。

阿德勒认为，追求优越和克服自卑一样，都是人类行为的根本动力，两者是连在一起的，每个人的行为都是在潜意识里不断进行这样的循环，这也是阿德勒个体心理学的核心。因为每个人都有获得成功的内驱力，都希望自己是好的人，是完善的人，是没有缺陷的人，所以我们会羡慕别人，想超过别人，想要征服别人，这都是追求优越的人格体现。

因此，在个体心理学中，还有三个和优越相关的概念，即优越感、优越感目标和优越情结。

优越感就是"我觉得我很行，我觉得我很棒"，在和别人比较的时候，主观上认为自己处于优势。比如，有些人认为，身边的人一定要听自己的，才说明自己很行。这是优越吗？不是，是他觉得自己这样才是最棒的，这种感受就是优越感。

一个基本的优越感目标，就是要感受到归属感和价值感。人类的整个行为都是在克服自卑感，在追求优越的轨迹上前进，并且力图达到自己追求优越感的目标。人类获得优越感目标是正常的行为，很多时候也是一个健康的行为。每个人都在不断地寻求优越感目标的过程中，在潜意识中对生活进行创造性的解释，赋予生活各种意义，并因此形成自己独特的生活风格。阿德勒认为，寻求优越感目标没有对错，可是优越感目标有有用和没有用的区别：如果你寻求的优越感目标只考虑自己，那就是没有用的；如果你寻求的优越感目标指向合作，能够体现社会情怀，能更好地完善社会环境，使每个人获得益处，那么这个优越感目标是有用的。

优越情结是自卑情结的产物，是一种虚假的优越感，表现为努力让自己看起来很强。有优越情结的人面对问题时会采取逃避的方式，常常会说"这有什么了不起的，我也会""如果我……我也能……""如果你让我……我一定可以……"这样的句式。

阿德勒说过一句话："人生就像一条奔流的溪，溪里的种种，都会随波向前流去。"这句话既体现了阿德勒的整体论，又体现了自卑与优越，还体现了我们的生命之河的生命状态。

（二）理解自己——整体论

整体论是阿德勒个体心理学的方法论。什么是方法论？就是用什么样的方法去看待人、看待心理。其实很多心理学的名称就代表了其方法论。比如积极心理学，积极就是它的方法论；又如人本主义心理学，它的方法论就是人本主义、关注人；再如行为主义心理学，它的方法论就是从行为去看人的心理。阿德勒称他自己的心理学为"个体心理学（individual psychology）"，其中的 individual，从拉丁文语源的角度看，就是"无法分割"的意思，所以，虽然是个体心理学，却是以整体论作为核心原则的。

整体论可以分为两个部分，一是把个人当成不可分割的整体，然后看各个部分如何相互作用，另一个是把个人当作整体的一部分。

整体论的第一部分内容是"把一个人当成整体"。如果把一个人当成整体，我们可以观察他的什么呢？我们可以观察他是否戴着眼镜，观察他的发型，观察他今天穿了什么颜色的衣服，观察他的表情和动作，还可以去猜测他有什么样的想法、感受、行为。如果把他当成整体的一部分来观察呢？可以观察他周围是什么样子。

有的时候，我们会有这样的想法："明明心里不是这样想的，身体却做出了这样的行动""我知道不可以，但是抑制不住大发雷霆""我怎么不知不觉就做了这样的选择，是不是因为我的潜意识"……我们可能会把很多行动都归结于受到情绪或潜意识的支配，好像很多事都找到了更好的理由和借口，来逃避本该承担的责任。

但是，仔细想想，不管是情绪还是潜意识，都是我们的一部分，除了我们自己，谁也没有办法来驱动我们的情绪和潜意识。就好像一辆汽车，它由发动机、刹车、方向盘、指示灯、车轮等有着不同功能的部分组成，只有这些部分协同合作，才能最终实现移动到目的地的目标，而最终能让这辆车移动的是司机，司机才是真正的主人。所以，回到我们自己，每一个人都是通过身体和心灵、意识和潜意识、理性和感情的协作来做出行动，决定我们行动的是"作为整体的我们自己"。

《超越自卑》中有这么一句话："你当然有思虑，否则你就不会有动作。"阿德勒指的是我们整体的完整。他说："心灵决定了行动的方向，所以是生活的主宰。"心灵影响肉体，所以我们的眼睛、表情、动作的意义都是心灵赋予的。我们的想法、感受、行为是一个整体，当我们有想法、感受、行为的时候，我们身体所有的器官都会联合运作。所以，当一个人长期处于压力、焦虑之中，他的胃可能会出现慢性胃炎；当一个人长期不关注自己、不爱护自己，只关注他人，没有安全感的话，他的免疫系统可能会出问题。因此,我们的身体和心灵、情绪是完全一致的,当我们的部分不能被我们自己所用,我们被它所控制的时候,我们的整个生活就会出现问题。

拓展阅读

我们可以尝试着把自己的过去放到自己整个人生发展轨迹上,再猜测一下未来的可能性。比如,我出生在哪里,家是什么样子的,周围的环境是什么样子的,现在在哪里,人生高度、社交广度、生活水平是什么样子的……当我们把自己的发展轨迹罗列出来时,看到自己出生的样子,看到自己上小学、初中、高中的样子,直到现在上大学或工作的样子,然后再预测自己60岁、80岁的样子,大家会有什么样的感觉呢?也许会体验到自信、期待、满足、希望、自豪,也许会觉得自己挺不容易的,感到困惑、苦恼……当你体验到积极的情绪时,它可以为你所用。当你体验到消极的情绪时,可以问问自己要用这样的情绪来达到什么样的目标。这些情绪都是你自己的。

整体论的第二部分内容是"个体是整体的一部分"。阿德勒认为,最小的社会整体是"我和你"或"我和他"。我们可以想一想,如果一个母亲,她没有办法把她和孩子看成是不可分割、互相影响的整体,她会怎么对待她的孩子?如果一个人,她没有办法把她自己和伴侣看成一个整体,她会怎么和伴侣相处?

阿德勒认为我们每一个人都处于三个整体当中。第一,我们在地球上,我们是地球的一部分。第二,我们在社会里,我们是社会的一部分。第三,我们自己作为人类,是生物里的一个群体,所以我们是人类的一部分。

如果一个人意识不到这样一个整体的概念，他要么只对自己感兴趣，看不到别人。要么总是指责自己，认为是自己造成了所有的灾难，自己应该负责所有的事情。例如在亲子关系中，前者的典型是妈妈只关注自己，不关注孩子，把关系中所有的责任都放在别人身上，总是说"因为他……要不是他……我就会……""我觉得他如果可以……我就能……"；而后者的典型是妈妈认为孩子的问题都是自己的问题，把所有的责任都归在自己身上，总是说"就是因为我……才会……"。

（三）理解人的认知——假想论

对于"世界到底是什么样子的"和"我自己到底是什么样子的"这两个问题，我们每个人都有不同的认识。有的人会认为"世界是危险的，自己是不安全的"，可能就会产生"我应该停在安全的地方不要出去"的想法；有的人会认为"别人是强大的，自己是弱小的"，可能就会产生"别人应该来帮助我"的想法。

但是，这些都只是我们自己主观的想法，而非事实，只是我们假想的信念。当没有人来指出这一点的时候，我们会始终戴着"假想信念的眼镜"来看待身边的人和事，并过完我们的一生。

我们对世界的认识，并不是客观的，我们看到的是我们自己定义的世界。如果有"那个人一定讨厌我"的想法，就会认为那个人所有的做法都是在回避自己，结果，"那个人讨厌我"的想法就会越来越强烈。阿德勒认为，在面对压力事件的时候，问题并不在于这些事件本身，而在于我们在面对这些事件时赋予其的意义，也就是我们的私人逻辑（private logic）。

私人逻辑由两个词组成。第一个词是私人（private），它有两层意思：第一层意思是指人和人是不同的。很多时候如果我们能认识到这一点，其实人生的冲突就少了一半。第二层意思是指自己没有察觉的、隐蔽的、潜意识的想法。很多人一辈子都在用着同样的逻辑处理问题，但是毫无觉察，每次出了问题都在怪罪其他人。第二个词是逻辑（logic），它也有两层意思：第一，它基于一些虚构的事实，但实际上可能不是这样的。比如，我们提交的作业被老师指出有很多写得不够好的地方，如果我们的观念是"作业做得不够好，一定是我太笨了，做什么事情都做不好"，那么就会赋予这个事件这样的意义："我下次再也不自己做了，反正怎么做也做不好"。但是这样的解释和意义是对的吗？不一定。第二，在逻辑的前面加了"私人"二字，它是和社会共识（common sense）相对立的。比如，一个人一件事没做好就认为自己什么事都做不好，这种观点和社会共识相对立，但他戴着"假想信念的眼镜"来看世界，自己不知道这是错误的。

如果一个逻辑是基于一个社会中大家共同的认知和利益，通常我们会认为它符合社会共识。有很多私人逻辑，当事人没有意识到其缺陷，但当旁人把它念出来时，他就会意识到这是不符合社会常识的。比如，有的人认为自己是最正确的，其他人都不如自己，所以无论自己说什么大家都得听，否则就会发怒。还有的人认为自己什么都不行，其他人都比自己强，所以自己还是什么都别做，做了就会犯错，不做就不会犯错，而且不做的话，大家就不会发现。假如把这些私人逻辑念出来，我们会很快发现它们不符合社会共识。但是生活中有很多人确实就是这样想的，只是他们没有觉察到而已。

私人逻辑的实质其实就是四个问题。第一，如何看待自己。比如，自己是弱小的还是强大的，自己是有能力的还是无能的？第二，如何看待其他人。比如，其他人是高高在上的还是会愿意帮忙？第三，如何看待世界。比如，这个世界是凶险的还是美好的？第四，该怎么做。比如，要怎么做才能在这个世界上找到自己的位置？同一个人对于不同的事情常有着相似的私人逻辑，而不同的人面对同样的事情，往往有着截然不同的私人逻辑。

（四）理解人的行动——目的论

个体心理学的核心原则之一是"目的论"，而弗洛伊德主张"原因论"，这是阿德勒与弗洛伊德的主要分歧。

原因论认为我们现在的样子是由过去的经历所决定的，因此我们的人生没有选择，完全取决于过去或者别人。比如大家常常听到的"原生家庭论"，认为自己不好是原生家庭造成的。因此，"原因论"关注的重点是过去，关注别人赋予的东西，比如外貌、家庭、成长环境等，认为性格是先天的，由外界因素或者客观因素决定，无法改变。在生气或者遇到困扰的时候，这样的人会不断向过去寻找原因，认为自己天生性格不好，改变不了，而任由自己发脾气。

而目的论认为我们过去的经历虽然对我们有一定影响，但经历本身不能决定我们的现在是什么样子的，关键在于我们怎么解释和看待过去的经历，我们的人生是可以由我们自己选择和决定的。因此，"目的论"关注的重点是现在，关注行为的目的，关注如何应用自己已有的东西，认为自己看待自身经历或外界事物的方式是主观选择的，可以改变。例如，这样的人生气的时候，会关注当下，可以看作是为了达到自己的目标而采取了"生气"的行为，因此会主动觉察自己当时的感受、想法和目的，理解自己，接纳自己的选择，并调整选择，向前迈出一小步。

所以，要想分辨自己的行为是属于原因论还是属于目的论，可以在遇到困扰时，观察自己的反应是问自己"为什么"还是"为了什么，怎么做",了解自己是把问题归因于外界和他人还是主动找到行为背后的目的和需要,采取积极向前的行动。

阿德勒认为,只看个体的某一个行为是没有意义的,只有用整体的眼光去看,看到目标的时候,才会有答案。每个人都在竭尽全力地生活着,我们需要确定自己的目标,然后向目标所在的方向去行动。最重要的问题不是"从何处来",而是"向何处去"。

(五)理解和他人的关系——社会同一论

通常我们会带着想要做得更好的想法去面对生活中的压力,但是行动方式因人而异,比如在面对一道难题的时候,有的人会选择绞尽脑汁,直到想出答案,有的人会选择去问老师,还有的人会选择把这道题放到一边,先做别的题。在这些不同的行动方式背后,其实就是我们不同的生活态度和风格,虽然它是从人出生就开始形成的,但只有在面对压力的时候才能真正体现,阿德勒把它叫作人生风格。他认为,人从出生开始,就在思考如何用独特的方式来描绘自己的人生,虽然人生风格受遗传、成长环境、父母教养方式等影响,但是最终是由我们自己选择并决定的。

当我们进入青春期后,我们往往会开始思考"我是谁",也就是开始寻找自我认同。而为了寻求自我同一性,我们通常会进行很多的自我分析和自我探索,尝试着通过各种各样方式来认识自己,比如做不同的心理测试、看书、写日记、和别人聊自己……在这个过程中,如果仅仅关注自己的内在,很容易看不到客观全面的自己,因此,认识自己离不开他人。我们在和他人一起行动的过程中,会发觉他们的想法和行为模式与自己是有区别的,明白自己原来是这样的人。

因此,我们每一个人都是在被社会同化,在各种人际关系中学习如何与他人合作，如何做出贡献，最终形成自己独特的人生风格，这就是社会同一论。

人生风格有几个特点：第一，它是在我们四五岁时形成的；第二，每个人的人生风格都是独一无二的；第三，每个人的人生风格都贯穿其一生。

每个人的人生风格都是独一无二的，但很多人的人生风格也是有共性的，对人生风格进行分类，既可以帮助我们觉察自己，也可以帮助我们和他人建立起信任、稳定的关系。

阿德勒认为，一个人的社会兴趣程度比较高，那么他就比较健康。因此，他根据个体不同的兴趣，把人生风格分了四类。第一种，统治型（ruling），他们追求的就是让其他人听从自己；第二种，索取型（getting），他们希望别人不断地去满足自己；第三种，逃避型（avoiding），他们不愿意承担责任，不愿意面对人生挑战；第四种，对社会有价值（being socially useful），这也是阿德勒认为最理想的人生风格。

后来的一些学者在阿德勒的理论基础上进行了延展。比如，基于"什么是最重要的"，有"消极"和"积极"两个方向，也就是说面对目标，是自己主动去达成还是在别人的推动下被动达成。又如，基于"什么是最终目标"，有"人际关系优先"和"解决问题优先"两个维度，也就是说是以人际关系为优先目标还是以解决问题为优先目标。因此，可以将人生风格分为以下四种（图3-2）：

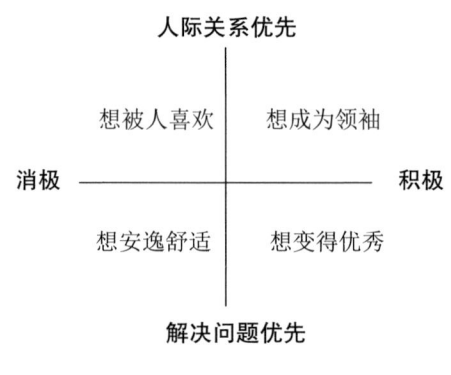

图 3-2 人生风格类型

我们每个人都有不同的人生风格，如果可以看到不同类型的人的优点、缺点及需要的东西，就能更好地理解自己和他人，从而更好地对待自己和他人。

以"想被人喜欢"为最优先目标的人，在感觉到有人讨厌自己的时候会情绪低落，因此会为了让身边的人都喜欢自己而小心行事，会为别人做很多事情。这种类型的人的优点是为人亲切随和，希望和所有人都友好相处，保持和谐的关系，在和人发生冲突的时候，一般不会采取直接的敌对行为。他们的缺点在于，常常为了获得大家的好感而迎合别人的想法，以至于失去自己的主见。

以"想成为领袖"为最优先目标的人，常常会为了让自己掌握主导权而努力。这种类型的人的优点是值得信赖，遇到问题会积极思考解决方案并考虑周全，有领导能力，能够组织和带领身边的人一起来解决问题。他们的缺点在于有时候很强势，不太会变通，因此有可能会看起来很傲慢，导致身边人的反感。

以"想安逸舒适"为最优先目标的人，会想办法尽量避免生活中的麻烦事，让自己感觉舒服自在。这种类型的人的优点是，很少给他人带来压力，善于在和别人相处时营造融洽的氛围。他们的缺点在于，常常回避压力，我行我素，可能会导致个人成长缓慢。

以"想变得优秀"为最优先目标的人，会很主动积极地提升自己的能力和技能，不会轻易受到他人的影响，也不会去做什么事情来迎合他人。这种类型的人的优点是，只要是决定要做的事情，一定会想方设法努力完成。他们的缺点在于，什么事情都习惯自己解决，而且力求完成得很好，因此很容易给自己和身边的人带来较大的压力。

（六）一切由我决定——个人的主体性

"要不要活在别人的期待里？""如何面对自己的不足？""如何处理自己的人生课题？"这些是几乎每一个人都会遇到的生活议题。

1. 人生课题

人生课题是个体在社会上生存时必然会面对的课题。在我们每一个人的人生中，看起来有很多课题需要完成。但阿德勒认为，由于人类存在于地球这个星球之上，作为个体，为了生存就必须要做出行动来发展自己，因此，人生中真正需要完成的课题只有三个：工作、交友和爱。

相对于严酷的自然环境，个体是非常弱小的，但如果能和他人分工合作，发挥每个人不同的能力和潜质，就能推动社会向前发展。因此，发现自己究竟能做什么，并在"工作"中与他人合作完成各种与发展有关的事情，对于充实人生非常重要。

正因为任何个体都有弱点和不足，而孤身一人是无法生存的，所以我们需要"交友"，需要和别人保持联系，需要找到自己在伙伴中的定位，学会与他人平等地相处，这对于自己和他人的幸福都非常重要。

在和他人保持联系的同时，寻找到"爱"，以一对一的关系和另一个人保持亲密关系，对于人类的发展和繁衍也很重要。

这三大课题相互关联，都是从人际关系的角度来进行探讨的，三大课题的平衡发展，正是走向幸福之路的基础。假如一个人在人际关系中只考虑自己从中获益，过分关注自己和自己能得到的东西，而看不到他人的感受和需要，是很难获得真正的幸福的。假如一个人认为"只要有爱情，其他就都不重要了"，或者总是将工作放在第一位，逃避其他的课题，即使在某一方面取得了很大的成功，对人生意义的理解也会有所偏差。假如一个人专注于工作，也无法只靠自己来完成，而是需要和他人合作。

同时，阿德勒还认为，人生的意义是通过合作的方式完成生存任务。我们每一个人，都是因为另一个人而生存着，只有被关心着的人，才能够学会关心别人的正确方法。正如阿德勒在《超越自卑》一书中所说："我们所见的、所听的、所说的都和他人相联系。人只有对外界关心，和他人联系在一起时，才能看到、听到、说出正确的东西。"在完成这三大课题的过程中，关心他人，进而关心全人类，才能得到真正的幸福，而这，正是真正的人生意义。

2. 课题分离

我们的很多心理困扰都是来自人际关系的困扰：他人的期待和评价可能会造成我们的骄傲或者自卑，他人以爱之名行控制之实可能会让我们在亲密关系中感到烦恼。阿德勒认为，每个人都有独特的课题，这些课题是相互分离的。如果每个人都不对他人的人生妄加干涉，人与人之间也就没有那么多纠结。

课题分离就是明确人际关系中的界限，确定课题是自己的还是他人的。一个简单的判断方法是所产生的后果由谁来承担，就是谁的课题。比如，选择怎样度过大学四年的生活，这就是自己的课题；而老师和同学怎样看待自己，这就是别人的课题。

区分了课题的归属之后，我们要做的就是承担自己的课题，不干涉他人的课题，也不让他人干涉自己的课题。这样才能建立起界限清晰的人际关系，否则，关系对于我们来说，不是联系，而是纠缠。

课题分离需要勇气，但是一旦我们开始进行课题分离，生活中的很多烦恼也就消失了。

3. 勇气

勇气是阿德勒个体心理学的关键词，也是我们人生问题的最终解药。对于一个期待改变自己的人来说，勇气是第一位的。

阿德勒认为，所谓勇气就是敢于冒失败的风险，而这个世界上只有一种危险，可以称之为真正的危险，那就是过度小心。我们可以问问自己，是否我们的多数烦恼都是源于缺乏勇气、害怕失败。比如，作为老师，怕讲得不好被人笑话，所以就不敢开讲；作为学生，怕提出的问题被人认为过于幼稚，所以就不敢提出自己的想法。所以，勇气包括不怕犯错、不怕被讨厌、即使遇到百般阻挠仍能坚持的力量。

阿德勒说："如果所有人成为亲密的朋友，能够从事有意义的工作，有幸福的婚姻，然后对社会有所贡献的话，就不会感到比别人差或者有输给别人的感觉了吧。"在他看来，关心他人、学会合作，无论遇到什么样的压力和困境，都有勇气去面对，这样就能切实感觉到自己是这个世界中的一员。

相反，如果只关心自己，就很难得到他人的认可，这样的人在遇到压力和困境时往往会选择逃避。

三、走向幸福之路

（一）追求横向关系

在小时候，我们就开始形成并发展出独属于自己的看待自己、他人和世界的方式。在人际关系中，有纵向关系和横向关系两种模式，我们采用的模式不同，在人际关系中的感受、想法和行为也就不同。

纵向关系是最常见的一种模式。在纵向关系中，我们常常会和他人进行比较，在比较的过程中，如果觉得自己没有别人好，就会产生"自卑感"，而为了证明自己比别人好，会追求优越性，这时就会产生"优越感"。不管是自卑感还是优越感，都只是我们在与他人进行比较时，基于自我判断而产生的主观感受，而不是客观事实。

正如我们在"自卑与优越"部分讨论过的，除了"自卑感"和"优越感"，还有"自卑情结"和"优越情结"，这是基于自卑感的两种更复杂的心理状态。"自卑情结"是以自卑感作为借口，把自己的不作为归因于外界因素，有自卑情结的人常常会说"因为……所以我不能/做不到/没办法……"。"优越情结"则是一种虚假的优越感，面对问题时会采取逃避的方式，有优越情结的人常常会说"要是/要不是因为……我也可以……"。

例如：

"我不是一个好学生，我的室友什么事都做得比我好。"——自卑感

"你们考雅思一定不如我厉害，我为了取得好成绩已经上了五个辅导班了。"——优越感

"我小的时候，爸妈经常一言不合就吵架，所以我不知道该怎么好好和女朋友相处，我也没办法。"——自卑情结

"要是我爸妈的关系一直都很好，我现在也能做个很好的男朋友。"——优越情结

可以看到，纵向的人际关系是一种对立的状态，我们和他人一直处在比较、竞争的环境中，常常会表现出逃避、操控、自我否定、取悦等行为。处于这样的人际关系中会产生各种各样的烦恼，往往无法与他人

建立起真诚的关系，无法真心地为自己或他人感到高兴，自己做得好的时候会焦虑下次会不会被别人超过，别人做得好的时候又会纠结自己为什么做不到。

而阿德勒的个体心理学强调横向的人际关系。在横向关系中，我们与他人虽然存在很多不同，但没有高下之分，都是平等的，每一个人都有自己独特的价值。因此，我们就常常会有稳定、自信的感觉，会认为"现在的我很好"。

不难看出，横向的人际关系是合作的状态，我们和他人是携手并进的伙伴，我们接纳自己、相信自己，也愿意接纳和相信身边的人，我们与他人会彼此支持、鼓励、合作。

（二）从烦恼到幸福

阿德勒把对他人的关心、和他人联系在一起的感觉称为"社会兴趣（social interest）"，与之相对的是"个人兴趣（self interest）"。人类为了求生存，对自己的关心是必不可少的，而对社会的关心并不是与生俱来的，需要不断练习才能获得。如果一个人有"没有被充分认同"的感觉，就感受不到与他人之间的联系，会觉得"我怎么样对别人都无所谓"，说出来的话、做出的行动，有时并不能真正表现他的内心所想。所以，为了维护积极的人际关系，换位思考，才能明白人他真正的感受和需要。

形成社会兴趣需要经由归属、贡献、自我接纳、信赖四个环节。

归属是指在一个共同体中，能够感受到自己的存在和位置，感受到自己和他人一样都属于同一个群体，感受到被这个群体所接纳。如果没有这种归属的感觉，就会感到自己是被排斥的。

贡献是指自己对他人来说是有用的，能用自己的能力为他人或群体的发展出一份力，是在相信自己有价值、相信他人值得信赖的基础上，体会到归属感和价值感。

自我接纳是个体对自身及自身所具特征所持的一种积极的态度，能真正看见自己现实的状况，接受自己不能改变的东西，积极面对自己能够改变的东西。这就让个体不再执着于自己的好或者不好，能够从自卑走向自信。

信赖是指能将身边的人视为伙伴，愿意相信他人，能够安心地委托他人一些事情。

归属是有自己的容身之处，信赖是能被他人所相信，指向的是"我和他人是伙伴"；贡献是对周围的人有用，自我接纳是保持自己本来的样子，指向的是"我是有能力的"。周围的人既是自己的伙伴，自己也能够发挥能力来做一些对他人或群体有用的事情，既有归属感也有价值感，这样的感觉就是"社会兴趣"。

这里所说的群体，是指在某一个范围之内，人和人相互联系所组成的集体，比如一个班级、一个讨论小组、一个项目组等。人在群体中，往往会去寻找自己的位置，也就是归属感，但是寻找的方法却因人而异。如果只考虑自己能用的方法（私人逻辑），他人就会觉得你的行动不合适。因此，每个人需要意识到自己的私人逻辑，并能够将其转换为能和群体成员共有的社会共识。如果拥有社会共识，那么在这个群体中，不仅能够保持自我，找到自己的位置，还能使用自己的能力为他人做出贡献，这样就可以获得幸福的人生。

我们还可以看到，归属、贡献、自我接纳、信赖这四个环节都建立在横向关系和课题分离的基础之上。只有在横向关系中，我们才能放下"我还不够好，我不如别人"的想法，看见并接纳自己真实的样子；只有在横向关系中，我们才能将他人视为伙伴而不是对手，才能无条件相信他人；只有在横向关系中，我们才能选择去做那些我们真正想要做的事情，而不是基于"应该"或者"不应该"，去做那些寻求别人认可的事情。而维护这样的关系模式，就需要做到课题分离。比如，我们常常谈论"原生家庭"，觉得父母对自己的教育方式不够好，导致了我们现在对自己的状态不满意。其实，烦恼来自没有做到课题分离。父母如何对待我们，如何评价我们，这是父母的课题，而我们怎样过自己的生活，怎样回应父母的教育方式，这是我们的课题。进行了课题分离之后，我们也就建立起了自己的界限，就能承担起自己的责任，重新去看待与父母的关系。

因此，对周围的人有贡献有价值，和他人相处和谐，在环境中有自己的位置，和环境相处和谐，与自己也相处和谐，这样就从"我有能力"到"我们是伙伴"。"我有能力"即自己是合作的整体，"我们是伙伴"即自己和他人、环境等是伙伴关系，我既能在关系中接纳自己，又能贡献自己的力量。所以，阿德勒指出合作是人的天生倾向，当我们真正合作的时候，我们就找到了人生的幸福。

阿德勒认为，当我们真正理解了生活的意义是在整体当中去合作，并真正学会了在与他人合作中完成人生课题、追求有用的优越感目标，培养健康的社会兴趣，进入到不同的整体之中时，就会实现超越自我，实现自己和社会的和谐发展。

所以，一切的烦恼源自人际关系，一切的幸福也源自人际关系。

参考文献

[1] 爱德华·霍夫曼. 人生的动力：个体心理学之父阿德勒的一生 [M]. 美同，译. 北京：北京联合出版公司，2020.

[2] 阿德勒. 超越自卑 [M]. 黄光国，译. 南昌：江西人民出版社，2014.

[3] 阿尔弗雷德·阿德勒. 理解人性[M]. 王俊兰, 译. 北京: 机械工业出版社, 2017.

[4] 阿尔弗雷德·阿德勒. 理解生活[M]. 武秋艳, 译. 北京: 机械工业出版社, 2017.

[5] 阿尔弗雷德·阿德勒. 这样和世界相处[M]. 文韶华, 译. 南京: 江苏凤凰文艺出版社, 2016.

[6] 岸见一郎. 向阿德勒学习[M]. 关怀, 译. 海口: 海南出版社, 2017.

[7] 岸见一郎, 古贺史健. 被讨厌的勇气[M]. 渠海霞, 译. 北京: 机械工业出版社, 2013.

[8] 岸见一郎, 古贺史健. 幸福的勇气[M]. 渠海霞, 译. 北京: 机械工业出版社, 2017.

第四讲

人之初,性本善?—— 人本主义心理学

学习本讲内容之前,请先思考一下:你认为人性到底是本善还是本恶呢?你为什么这么认为呢?

在这一讲中,我们将学习人本主义心理学。人本主义心理学起源于20世纪50年代前后的美国,由亚伯拉罕·马斯洛首先提出了人本主义心理学的概念。在一次访谈中,马斯洛提道:"我对于人性的看法是乐观的。我认为心理学中有一个很大的漏洞,所有的(关于人的)重要的和珍贵的东西,比如善意、高尚、理性、科学、忠诚,还有勇气,这些东西在哪里?"马斯洛也曾表明自己对人性的看法:我们掌握的所有证据都合理地表明实际上每一个人,特别是几乎每一个新生儿,都有一个朝向健康的积极意志,朝向成长的动力,或者说是朝向自我实现。这一段话概括了人本主义心理学家对人性的基本看法,即人性本善,人有向善向好的潜能。

本讲将先介绍人本主义心理学的基本观点,之后再介绍人本主义心理学的两位代表人物的观点:马斯洛的需要层次理论和卡尔·罗杰斯的以人为中心的心理治疗理论。需要注意的是,人本主义心理学并非只有上述两个代表人物及其观点,它是一个心理学范畴,包含很多不尽相同的心理学家的观点。一般认为存在主义心理学也在这个范畴。本讲将不具体介绍存在主义心理学的观点，有兴趣的读者可以阅读存在主义心理学家的作品。

一、人本主义心理学的基本观点

马斯洛对行为主义心理学提出了批判，说小白鼠实验是解释不了人性的美好的，人性的美好才是人类赖以生存的东西。弗洛伊德也没有触及这些东西。马斯洛根据婴儿观察研究认为人性是明智的，身体是有智慧的，对于知识的追寻是人的本能。每个人都有独特的个性，人的学习和发展既不像行为主义的学习理论所描绘的那样固化，也不像精神分析认为的被早年创伤所决定。

行为主义和精神分析，是影响心理学发展的前两个力量。人本主义心理学是影响心理学发展的第三个力量，是积极心理学的前身。人本主义心理学不认同行为主义心理学所持的"人的所有行为都是基因与环境的产物"的观点，也反对精神分析学派所持的"人的所有行为都是由无意识驱动"的观点。人本主义心理学首先开始研究人的自主性、目的，以及向善向好的潜能对自我意识和行为的重要性。人本主义心理学提出了人性积极和更全面地看待人类生活的观点，认为应该更多地珍视人本身，人的尊严和自由，以及人的幸福、乐观、善良、道德、美德、品格、爱和同情。马斯洛在《动机与人格》中提出心理学不只要研究病态、神经症和焦虑，也需要研究善良和美好这些重要的概念。另一位代表人物卡伦·霍妮（Karen Horney）也提出，心理学要看到好的品质并培养这些，因为这些也是人的一部分。阿龙·安东诺维斯基（Aaron Antonovsky）也是一位人本主义先驱，提出了关注健康的源泉的观点。

这些观点表达出一个新的理念,即建立与心理学传统的病理模型不同的健康模型(wellness model)。

(一) 影响人本主义心理学形成的哲学观点

存在主义心理治疗理论的开创者之一罗洛·梅(Rollo May)通过承认人类的选择和人类生存的悲剧方面把欧洲存在主义和现象学引入心理学领域。存在主义和现象学影响了人本主义心理学的形成。索伦·克尔凯郭尔(Soren Kierkegaard)被称为存在主义之父,其在著作《或此或彼》中讨论了人类的生存中面临的冲突和问题。他把个体看作是渴望永生的,但是个体不得不面对存在仅仅是暂时的这个问题。在青少年时期,人的有限性意识开始浮现,并且应对生存的有限性是成长为人的任务。没有这个经验,个体仅仅是活着,并不直接面对选择和自由的问题。德国哲学家弗里德里希·尼采(Friedrich Nietzsche)强调人的主观意志的重要性。尼采认为欧洲人可能是通过自我仇视和攻击而不是通过创造性方式表达压抑的本能。他提出了"超人"的概念,认为个体通过全面认识到存在以外的自身的潜力和勇气,让自身去掌控意识是有创造性和活力的。

让-保罗·萨特(Jean-Paul Sartre)关心与人类生存的意义有关的问题。他认为没有内在的原因去解释为什么这个世界和人类应该存在,个体因此必须找到一个原因。人性是自由的,个体必须在他们自身和环境的限制以内进行不断选择和做决定,他们被"判了"自由,因为个体的自由和虚无很难面对。当来访者理解到应该对他们的生活进展负责,这一方面意味着承担更多的责任,但同时也会带来非常解放的感受。萨特认为治疗师必须帮助来访者对抗自己的借口,他强调不管一个人过去怎样,都可以选择变得不同。

罗杰斯的人本主义治疗理论和罗洛·梅的存在主义治疗理论都受到存在主义哲学观的影响，都强调自由、选择、个人价值和自我责任，都强调社会关系对个人的重要影响，注重理解来访者的主观体验。不同的是存在主义疗法更多关注焦虑和困难人生经历的意义、肩负责任和死亡。梅生前就常常与罗杰斯有书信往来，对比以人为中心的对人性的积极看法和存在主义的对人的经历的消极看法。

现象学创立者，奥地利哲学家埃德蒙德·胡塞尔（Edmund Husserl）指出现象学方法包含洞察力或者集中在一个现象或事物上分析它，并且从预设中解放出来，以至观察者可以帮助他人理解被洞察出来的或者分析出的现象。经典人本主义受现象学方法的影响更侧重质的研究方法，注重人的实际经历，认为行为的含义本质上是个人的和主观的，科学的可靠不是因为科学家是纯粹的客观的，而是因为观察到事件的性质被不同的被观察者所验证。

罗杰斯说："体验对我来说是最高的权威。有效性的检验标准是我自己的体验。没有任何人的看法，包括我自己的看法，像我的体验一样权威。我必须一次次地回到体验去发现更接近真相的真理。"罗杰斯在1951年的《以来访者为中心疗法》中提到了两点：一是每个个体存在于一个以自己为中心的持续变化的经验世界中；二是有机体对他所体验到的和认知到的领域做出反应。对个体来讲，认识到的范围就是"现实"。罗杰斯强调经验是人类的本质。因而在心理治疗中来访者的个人体验是最重要的，来访者是自己的权威。

（二）人本主义心理学的五个基本假设

人本主义心理学的五个基本假设可以概括如下：

（1）人作为人，不仅仅是他们的各个部分的整体，即人不能被简化为他们的组成部分或是功能。

（2）人类存在于一个独特的人类环境中以及更为广大的生态中。

（3）人类有觉知，并能觉知到自身的觉知，即人类有意识。人类意识可能包括自身在其他人存在的环境下和宇宙的环境下。

（4）人类有选择，以及与之相伴的责任。

（5）人类是有意图的、瞄准目标的，意识到它们会导致将来的事件，并寻求意义、价值和创造力。

概言之，人本主义心理学强调用整体观看待一个人，它看待个体的行为方式不只是从旁观者的角度，而是从行为的发出者本身看待行为。个体的行为关联他的主观感受并和自我意识有关。人类存在的外在环境比如人际环境和社会环境中的爱与关怀，对于塑造个体行为起重要的作用。人有意识，会根据自己的意识和内在需求做出选择和反应，并承担相应的责任。人有目标和意义，会寻求学习、成长和自我价值。

思考题

了解了人本主义心理学的基本观点后，你能回答"人性到底是本善还是本恶"的问题吗？

答：在人本主义心理学家眼里，答案基本是肯定的。马斯洛强调人的重要方面，包含自由、理性和主观体验。马斯洛对人性的积极的观点与罗杰斯对人的观点是一致的，因此，两者都是人本主义。人本主义即对人性秉持积极和乐观的看法，认为人性本善。人本主义心理学对人性的看法大多是带有浪漫主义色彩的、积极的、振奋人心的，认为人性是美好的。同时，人本主义心理学家不否认负面和破坏性的行为的存在，认为这样的行为是源于健康的追求的挫折。

二、马斯洛的需要层次理论

为什么我们要听歌、看电影？为什么人要有人际关系？与宠物的关系能够替代人际关系吗？为什么有些看似什么都有的人会感觉不到快乐？这些问题都能用马斯洛的需要层次理论来回答。

（一）需要层次理论概述

马斯洛（图4-1）从20岁在哈佛大学读书时起就对成功人士的特质、人的潜力，以及人如何实现自己的潜能感兴趣，并一生保持了这个兴趣。他在1954年《动机与人格》一书中阐述了著名的需要层次理论。马斯洛认为人的动机是由需要决定的，这些需要与人生发展和人格健全相关，为了满足需要，人产生了源源不断的动力。

图4-1　马斯洛

他将人身上普遍存在的需要归纳为由低到高五个层次，依次为生理需要、安全需要、爱与归属的需要、尊重的需要和自我实现的需要。生理需要是指人类维持自身生存的最基本要求，包括呼吸、饥、渴、睡眠、性的需要。马斯洛认为生理需要对行为的推动作用最强大。如果生理需要没有被满足，它将成为我们全身心关注的唯一问题。例如，一个人极其饥饿时，会不择手段地抢夺食物。

安全需要指人对居所、健康、安全、秩序及稳定的需求。安全需要得不到满足时，人会感受到身边环境的威胁，会感到焦虑、不安，认为身边事物是危险的。比如刚经历了一场大地震的人可能会对任何一点动静感到心惊肉跳。

爱与归属的需要指人需要与他人建立融洽情感联系，例如拥有亲情、友情和爱情，被关怀，它同时包含希望成为群体中的一员，彼此关心和照顾的需要。爱与归属的需要得不到满足的人会感受不到周围的关怀，会抑郁、孤独，认为自身没有存在的价值和意义。例如，讨好型人格的人就是爱与归属的需要没有得到足够的满足，这类人可能极力地想融入社交圈，哪怕是需要做出不符道德和理性、违背自己意愿的事。

尊重的需要指对自信、自尊、成就感、地位、名誉和晋升的机会等的需求，包含对自我价值的认可，同时也包含他人对自己的认可与尊重。尊重的需要得不到满足的人会想方设法获得社会和他人的认同。

自我实现的需要涉及人的自发性、创造性、审美、幽默和问题解决等方面。有自我实现的需要的人身心健康，有满足感，对生活充满感激和欣赏。这类人希望最大限度地实现自己的潜能，并不断完善自身，追寻理想，他们的行为是由本身的个体成长及实现潜力的渴望而驱动的。自我实现的需要得不到满足的人会觉得生活被空虚和无意义感推动着。马斯洛认为前四种需要是缺失性需要，得不到满足会影响心理健康并阻碍自我身份认同和成功。自我实现的需要是成长性需要。成长性需要会使人增强幸福感和意义感。

马斯洛认为一般情况下人先满足低层次的需要，当其满足或是达到该需要层级的临界点后，高一级的需要出现。一个需要基本满足后，它的激励作用就会降低，高层级的需要会成为推动行为的主要因素。在发展更高层次需要时，低层次需要会继续得到满足，只是不作为个体需要满足的第一位。需要的层级不是固定不变的，会根据个体的不同或环境不同而发生变化。一个行为可以满足多个层级的需要，如与朋友聚餐、参加工作面试等。

（二）自我实现的人和巅峰体验

每个个体都是独特的，自我实现的动机把人们引向不同的方向。马斯洛（1943）认为自我实现的需要在人与人之间呈现不同形式，在一个人那里可能是渴望成为理想的母亲，而在另一个人那里可能是体育方面，在别的人那里可能是绘画或是发明创造。马斯洛认为自我实现可以通过巅峰体验来衡量。巅峰体验发生在当一个人完全地体验世界本身的样子，并产生出的兴奋、喜悦和妙不可言的感受时。

马斯洛认为仅2%的人达到了自我实现阶段。通过研究包含亚伯拉罕·林肯（Abraham Lincoln）和爱因斯坦在内的18位他认为已经达到自我实现阶段的人，他指出15个自我实现的人的特征：

(1) 有效地感知现实，能够容忍不确定性。

(2) 接受本真自我和他人。

(3) 对人自发、坦率和真实。

(4) 以问题为中心而非以自我为中心。

(5) 具有超然于世的品质和独处的需要。

(6) 有较强的自主性和独处性，超越环境和文化的束缚。

(7) 具有永不衰败的欣赏力。

(8) 容易进入到高峰体验中。

(9) 关心人类福祉。

(10) 擅长建立深厚长久的关系。

(11) 具备民主的精神。

(12) 明辨是非。

(13) 富于创造性。

(14) 处理幽默、风趣。

(15) 反对盲目遵从。

马斯洛在 1969 年对自我实现的需要进行了重新诠释,将其分为健康型自我实现需要和超越型自我实现需要。健康型自我实现需要是达到个人内部的统一,成就小我。而超越型自我实现需要受超越型动机支配,以超世的态度超脱于个体意义之上,达到与社会、他人及自然的统一,实现扩大的自我,进入无我状态。

在生活中该如何运用马斯洛的需求层级理论呢?简单来说,人有不同的需求,并且不同的需求是相互关联、相互影响的。人不能只关注物质。马斯洛认为,如果长期陷于对物质的追求,不去追求精神上的需求,反过来会危及一个人的身体健康。同时,我们也没有办法只靠理想活着,仅靠理想无法满足脆弱的身体的基本物质需求。我们在勤奋追求梦想的同时不能过度透支健康。

回顾与练习

(1) 马斯洛认为个体发展的最高目标是什么?

(2) 被公平对待、不受歧视或担心被糟糕对待对应哪个需要层级?

(3) 受伤或因病而需接受治疗对应哪个需要层级?

(4) 有存款对应哪个需要层级?

(5) 生病时有朋友或家人来探视对应哪个需要层级?

(6) 选了自己不喜欢的但是在社会认可度较高的专业对应哪个需要层级?

(7) 马斯洛的需要层级理论是怎么帮助我们理解人的学习的？

(8) 亿万富翁比普通职工处在更高的需要层级吗？

(9) 你身边有没有达到自我实现需要阶段的人？请解释你为什么认为他们达到了这个阶段？

三、以人为中心的心理治疗理论

卡尔·罗杰斯（图4-2）最先发展了以人为中心的心理治疗理论。这是一种强调治疗关系，强调来访者自我实现的倾向和潜力的理论。此治疗理论的基本假设是：（1）人是值得信任的。（2）人具有理解自己的潜能。（3）人具备解决自己的问题且不需要外在治疗干预的潜能。（4）治疗关系是促进来访者建设性改变的基础。

图4-2　卡尔·罗杰斯

（一）卡尔·罗杰斯的生平

罗杰斯于1902年出生在芝加哥近郊。他在1961年出版的《个人形成论》中提到自己是在一个人际关系密切的家庭中长大的。他在六个兄弟姐妹中排行第四。父母对他们很慈爱，同时也严格控制他们的行为，比如要求他们不喝任何含酒精的饮料、不开舞会、不打牌，也不去戏院。在他12岁时，全家搬去了芝加哥西边的农场。中学时期，罗杰斯形成了阅读和对农业科学的兴趣。大学时，基于自己的兴趣，他来到威斯康星大学学习农业。在大三的时候（1922年），他作为学生代表来了中国半年，逐渐地他的职业兴趣转向了宗教。

大学毕业后他就结婚了,并到纽约去学习了两年宗教学。在两年的学习当中他发现自己逐渐对刚兴起的心理学和精神病学感兴趣,于是他转入了哥伦比亚大学并在那里完成了临床心理学博士学位的学习。学习临近结束时,他在纽约州的罗切斯特找到了一份儿童心理治疗师的工作。他后来回忆:"我猜想,我一直有这样一种感觉,那就是只要给我机会让我做自己最感兴趣的事情,其他的事情似乎都会水到渠成。"在担任儿童心理治疗师的 12 年中,他积累了极其宝贵的临床经验并逐步总结了自己的思想。他的关注点总是在于他的咨询或治疗,以及与儿童及其家庭的交流是否有效。

(二) 以人为中心的心理治疗理论的形成和发展

以人为中心的治疗理论的形成和发展大致可以被分为四个阶段:第一个阶段是形成阶段,主要是罗杰斯早期做儿童心理治疗师的阶段。第二阶段是"非直接"阶段,标志着他的理论发展和强调理解来访者以及对于这种理解的表达的开始。1940 年罗杰斯成为俄亥俄州立大学临床心理学教授,在这一时期,他发表了对"非直接"心理治疗的观点:来访者对自己负责,治疗关系是重要的,建立信任并允许来访者探索自己的感受,更多地对自己的生活负责。第三个阶段是"以来访者为中心"阶段,涉及人格发展和治疗性变化的理论和对于人的关注。第四个阶段,以"人为中心"阶段,这个阶段不仅包含个体心理治疗,还包含婚姻家庭治疗、小组治疗,以及教育、行政管理和社会政治活动。在教育方面,罗杰斯认为教师可以运用以人为中心的理论去促进学生的智力成长。教师应信任学生,尽量真诚而不是摆出一副权威形象,给学生自由设置自己的学习目标和方向的机会。这样的教育理念被充分证明是有效的。罗杰斯的理论还被应用到组织领导力领域,一个领导可以通过信任和同理被指导和管理的人,依靠解放被领导者,让他们去制定自己的目标,通过真实和真诚,提高和发展员工与组织的创造性和活力。

在罗杰斯生命的最后十到十五年时间里,他还把理论运用到维和方面,甚至运用到国际关系冲突解决和跨文化工作领域。罗杰斯在解决国际争端和战争的工作中,向世界展示了理解的力量和同情的力量,使原本敌对的人们之间相互理解。他在1987年还获得了诺贝尔和平奖的提名。罗杰斯的工作还证明了心理治疗理论可以并且应该从治疗室中走出去,为社会服务。在20世纪七八十年代,这样的意识是非常超前的。

(三)以人为中心的人格理论

罗杰斯认为,从出生起,每个个体在生理上和心理上都是独一无二的。随着儿童自我意识的发展,他们对周围人对自己的关怀的需求也逐渐发展。得到关怀的需要包含被爱、被看重和被照料。个体对于来自他人的积极关怀的看法直接影响他们的自我关怀。如果一个儿童认为父母对自己是重视的、尊重的,他就可能发展积极的自我关怀或自我价值感。这个观点跟约翰·鲍比(John Bowby)的依恋理论一致。鲍比认为自我的建构是通过早期与监护人的互动,这种互动指导一个人自我理解和对后续的人际关系的期待。儿童有支持自己情绪的父母则更可能建构有能力的、可爱的和值得被支持的自我意识。一个人的积极自我意识对情绪发展至关重要。

人对积极关系的需求很强烈,强烈到可以使个体从成为一个机能健全的人的发展方向上发生偏离。在与他人交往时,有时个体会体验到价值条件,即根据他人的想法或价值来评价自己的经历,但这可能限制了个体的发展。为了获得他人的有条件的积极关怀,个体可能不顾自己的体验,去接受他人的价值和想法。对罗杰斯来说,价值条件导致一个人自我体验和与他人交往经验的不一致，并可能会失去自我链接并远离自我。在这种情况下，个体的接纳感和自我关注感依赖于他人的评价，个体只有在符合他人的需要和期望时，才觉得自己是有价值的。为了维持一种存在价值和接纳感，个体会根据如何更好地符合他人的价值条件去寻求或避免一些事情。与价值条件相符合的被感知为正确的，而不匹配的经验被感知为一种威胁而被曲解和否定。由价值条件引起的失调可以被视为情感压力和心理问题的来源。

为了得到关怀，个体发展出防御机制，导致不准确的和固化的对外在世界的看法出现。比如，"我"必须友善地对待所有人，不管他们对"我"做了什么，只有这样他们才会关心"我"。这样的个体因发展积极自我意识的需要和取悦他人的需要发生了冲突而产生焦虑。另外，个体也可能因为一个群体的价值与另一个群体的价值不一致而产生焦虑。个体的经历与他的自我意识越不一致，他的行为就越可能混乱。当个体的看法与经历发生冲突，就可能导致精神问题。

罗杰斯认为必须要有另外的人对个体表示无条件的积极关注，这个人的自我关怀才会提高。通常，个体倾向于找寻赏识他们的人而不是评判他们的人，这样的人以一种温暖的、接受的、尊重的方式与他们相处。罗杰斯还认为个体最终需要独自体验或丢弃通过任何社会他人获得的积极关怀，在某种意义上成为自己的重要社会他人，给予自己无条件的积极关注。自我关注就是自尊。自尊是对自身价值的认识或者是对个体经验的积极关注。积极自我关注允许个体信任他们自身所体验到的对世界的感知和评价。一个人体验到的自我与理想的自我越接近，他的自尊就越高。

（四）以人为中心的治疗方法

自我实现倾向是所有生物共同拥有的一种力量。以人为中心的疗法的基石是来访者的实现倾向,实现倾向构成了成长。这种治疗方法可以借由治疗师不做什么或很少做什么来定义,比如提出问题,给出诊断,进行心理测试,提供解释、评估和建议,给予安慰、赞扬或指责,同意或不同意来访者表达自己的观点,指出矛盾,发现无意识的愿望,或者探索来访者对于咨询师的感觉。

以人为中心的治疗过程要依靠来访者的引导而不是依靠治疗师的引导。因为来访者才知道哪些经历是痛苦的、需要被探索的、关键的以及被深埋的。罗杰斯认为除非治疗师有证明他们自己的聪明和学识的需要,否则最好让来访者主导咨询过程。

这还是一种基于人际关系的治疗方法。罗杰斯在1959年强调,在治愈性关系里,需要呈现一致性。当一个人感到被另一个人无条件地积极关注、倾听时的关系可以被认为是一致的。当治疗师或倾听者能够理解和传达另一个人的心理体验,表现出和这个人合拍时,当被倾听的人觉得被理解、共情和不被评判时,这段关系会随之加强,关系可以疗愈心理创伤。

1. 以人为中心的治疗目标

以人为中心的治疗目标来自来访者,而不是治疗师。治疗师的目标不是去改变来访者,而是要帮助来访者去除他运用内在资源的障碍。罗杰斯提出完全功能的人的概念,认为治疗应支持来访者朝着完全功能靠近。完全功能的人有几个特点:(1)对新的经验持开放态度。(2)基于这种开放态度,可以创造性地处理新旧情况。(3)在做决定时体会到内在自由,并为自己的生活负责。在制定目标时不是去取悦他人或是满足他人期待,而是由自我主导。(4)想法更符合实际,更相信和接纳自己。(5)意识到社会责任并和他人有更真诚的人际关系,理解自己的同时也理解他人的需求。简单来说,完全功能的人是开放性的、有创造性的和负责的人。

2. 治疗起作用的六个充分必要条件

来访者往往需要有一个基本的意识,即咨询师应该帮助他们回答"我怎么才能发现真实的自我"这个问题。在罗杰斯的职业生涯中,他发现六个条件致使来访者提出这个具体问题,这些条件同时也会刺激来访者成长。

第一个条件是心理接触。心理接触有两层意思:一是在建立治疗关系之前,双方都有相互接触的意愿;二是心理接触本身对来访者有巨大的心理价值。人类本质上是相互关联的,有强烈的心理接触需求,在与他人接触的过程中,可以减少焦虑和孤独感。很多咨询师惊讶地发现,多数来访者会觉得在预约咨询到见到治疗师的这段时间他们的情况已经开始有了好转,这就是心理接触的力量。

第二个条件是来访者处于不一致状态。价值条件和无条件积极关注的缺乏引起了不一致状态和不舒服的感觉,不一致的个体至少在某种程度上感到困惑和迷茫,觉得自己需要帮助。

第三个条件是治疗师的真诚、透明。一般情况下,治疗师不需要专门向来访者表达这一态度。但当治疗师的情绪和偏见破坏核心条件,并且无法消除,进而影响咨询关系的真实性时,治疗师需要适当地表达自己的真诚、透明。比如来访者常常迟到,治疗师发现自己已经在憋着怒气、装作不在意地做治疗时,就需要适当地真诚地表达自己的忧虑。

第四个条件是无条件积极关注。这个条件给治疗师提出了切实的挑战,比如治疗师遇到了一个非常特别的来访者,他的目标是最大限度地避免自己吃亏。在这种情况下,治疗师仍然需要接纳来访者。接纳不代表认同来访者的一切想法和经历,而是表示无条件的尊重。治疗师的目标不是尝试改变来访者。治疗师需要提高给予别人无条件积极关注的能力。治疗师越相信来访者的实现倾向，就越能给予来访者无条件积极关注。

第五个条件是共情。共情是指和一个人共同存在的方法。共情首先意味着进入了来访者主观的感知世界，而且像是在自己的感知世界里一样。治疗师能随时敏感地感知到来访者的心理的意义、情绪，以及任何他正在经历的状态的变化。共情还意味着治疗师要暂时过来访者的生活，在其中经历，但不做评价，感知来访者的情绪，但不揭示他没有感受到的情绪，而且不带成见地交流对他的世界的感知。

第六个条件是来访者体会到治疗师的真诚、透明，无条件积极关注，和共情理解。这个条件体现了把来访者放在了治疗的中心位置，只有来访者体验到来自治疗师这些核心条件，建设性人格改变才会发生。

这六个条件中，治疗师的真诚、无条件积极关注、共情，是咨询－治疗的基础。不同的咨询流派的咨询效果几乎没有差别，而咨询－治疗是咨询起作用的关键。以人为中心的咨询－治疗的重要性在研究中得以一再证实。

以上便是以人为中心的心理治疗理论的核心内容。罗杰斯的心理治疗理论改变了原本的治疗师是专家、来访者被分析被修正的形式。在以人为中心的心理治疗中，来访者才是自己经历的专家，主导治疗过程。罗杰斯也是第一个反对心理诊断建议的，更加注重来访者的内在资源和实现倾向。他对治疗关系和核心条件的见解至今仍是心理治疗领域的基石。

总体来说，人本主义心理学在发展中受到了一些质疑，包括：有些概念的定义太过于模糊，如自我实现、完全功能、积极品质等概念；很多假设是基于经验和观察而不是科学严密的研究；个体的基因和早年经验可能被忽略掉；乐观品质可能是个过高的治疗目标；过多地关注个体因素，而忽略了文化、历史和社会因素对人的心理健康的影响；等等。

虽然有这些质疑，人本主义心理学仍然是最重要的心理学流派之一。罗杰斯的以人为中心的心理治疗理论在今天仍然是最为广泛使用的心理治疗理论。唐纳德·莫斯（Donald Moss）说，人本视角为心理学提供了许多信息。当人本主义心理学在20世纪50年代出现时，心理学被限制在研究可观察到的行为上。今天，认知、思维和感觉作为心理学研究的一部分时，我们不再感到惊讶。心理学开始研究人类经验的总和。

当今心理学工作者和学生对人类意义、选择、尊严和责任的探索兴趣并未减少甚至是增长的。人本主义心理学要超越心理学的医学模式，提出应该找到新的方法来帮助人们强化积极的东西，而不是关注人们出了什么问题。近年来倡导的积极心理学运动就起源于人本主义心理学。今天的危机咨询对同情性倾听的强调也源于罗杰斯的工作。在更广泛的文化中，个人和高管教练技术的日益普及也指向了人本主义心理学的成功。

参考文献

[1] ANTONOVSK A. Health, stress and coping [M]. San Francisco：Jossey-Bass Inc Pub，1979.

[2] BACHELORA. Clients' and therapists' views of the therapeutic alliance：similarities, differences and relationship to therapy outcome [J]. Clinical Psychology & Psychotherapy，2013，20（2）：118-35.

[3] BERRETT-LENNARD G T. Carl Rogers' helping system：Journey & substance [M]. London：Sage，1998.

[4] BUGENTAL J. The third force in psychology [J]. Journal of Humanistic

Psychology, 1964, 4 (1): 19-25.

[5] GRON A. The embodied self: Reformulation the existential difference in Kierkegaard [J]. Journal of Consciousness Studies, 2004, 11 (10): 26-43.

[6] HORNEY K. Feminine Psychology [M]. New York: W. W. Norton, 1967.

[7] KENRICK D T, GRISKEVICIUS V, NEUBERG S L, et al. Renovating the pyramid of needs: Contemporary extensions built upon ancient foundations [J]. Perspectives on Psychological Science: A Journal of the Association for Psychological Science, 2010, 5 (3): 292-314.

[8] KIRSCHENBAUM H, HENDERSON V T. Carl Rogers: Dialogues [M]. London: Constable, 1989.

[9] MASLOW A H. A theory of human motivation [J]. Psychological Review, 1943, 50 (4): 370-396.

[10] MASLOW A H. Motivation and personality [M]. New York: Harper and Row, 1954.

[11] MASLOW A H. The farther reaches of human nature [J]. Journal of Transpersonal Psychology, 1969, 1 (1): 1-9.

[12] MOSS D. Humanistic and transpersonal psychology: A historical Biographical Sourcebook [M]. Westport: Greenwood Press/Greenwood Publishing Group, 1999.

[13] PEDERSEN P B. Introduction to the special issue on multiculturalism as a fourth force in counseling [J]. Journal of Counseling and Development, 1991 (70): 4.

[14] ROGERS C R. Client-centered therapy: Its current practice, implications, and theory [M]. Boston, MA: Houghton-Mifflin, 1951.

[15] ROGERS C R. The necessary and sufficient conditions of therapeutic personality change [J]. Journal of Consulting Psychology, 1957 (21): 95-

103.

[16] ROGERS C R. On becoming a person [M]. Boston: Houghton Mifflin, 1961.

[17] ROGERS C R. Empathic: An unappreciated way of being. The Counseling Psychologist, 1975, 5 (2), 2-11.

[18] SCHULTZ D P, SCHULTZ S E. Theories of personality [M]. 8th ed. Belmont, CA: Wadsworth, 2005.

[19] SHARF R S. Theories of psychotherapy and counseling: Concepts and cases [M] 4th ed. Belmont, CA: Thomson Higher Education, 2008.

第五讲

我们如何更有效地学习？——学习心理学

1996年，联合国教科文组织提出教育的四大支柱，分别是学会学习、学会做事、学会共处、学会生存。学会学习被摆在突出位置。学习究竟是什么？学习又有什么规律？作为学生，应该如何提高学习效率？

从根本上说，学习就是掌握某种知识或技能的过程，而且这种过程是持久的，并不是短暂存在于大脑当中的，也不会随着时间的流逝而轻易消失。当前，学习的内涵正在不断地丰富，外延也在不断地拓宽。

探讨学习本身能让我们更好地了解学习心理的相关规律，同时又能有效地帮助学生提高学习质量与学习效率。而谈到学习，首先必须谈到目标，因为只有具有目标的学习，才可能是高效和完善的，也才可能取得更好的效果。反过来说，目标也是对自我学习进行监督的最好工具。

一、学习心理学的相关概念

（一）学习的含义

按照认知心理学的观点，学习是因为经验而使行为或行为潜能产生持久变化的过程（图5-1）。对于学习，需要把握以下几点。

学习的变化可以是外显的过程，也可以是内隐的心理过程。有些学习的变化是可以通过肉眼观察到的，而有些学习的变化却不能立即看到，比如思想的改变、经验的积累、个性的发展及人格的变化等。

学习的变化是持久的，不是转瞬即逝的。学习的变化一定是相对持久的，不会一下子就出现明显的效果。也就是说，学习的变化是通过短时记忆慢慢进入长时记忆的。

学习产生于经验，而不是来自自然的成熟。自然的成熟来自本能的变化，如蝴蝶破茧而出、小鸭游泳、羊羔吸乳等都是先天遗传行为，称为本能行为。而学习行为是后天经验性行为，是在本能的基础之上，更多地受到环境影响并作用于环境的结果。

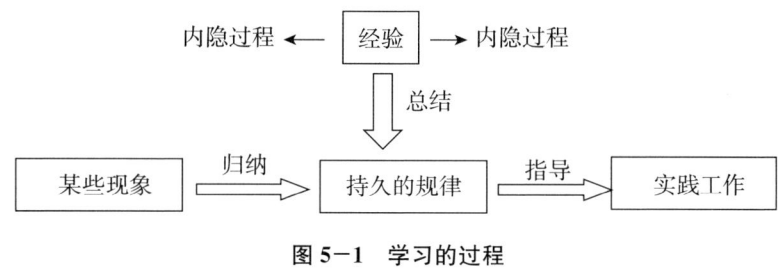

图 5-1　学习的过程

（二）目标

说到学习，我们不得不谈到目标。因为只有树立了正确的目标，学习有效性才可能达到最高。那目标是什么？简单说，目标就是我们要达成和实现的对象，是人的内心需要的外在表现。目标和需要一起引导着人的行为，为行为指出前进的方向。

1. 构成目标的条件

目标要有效，必须具备以下条件：目标必须由正面词汇组成，目标的各个方面必须符合整体平衡，目标是可以量度的，目标是清楚明确的，目标是自力可成的，实现了目标是有满足感的，目标的实现有时间限制。

2. 为什么要确立目标

目标有五个特别重要的作用：为行为设定方向，了解自己每一个行为的目的；知道什么最重要，合理安排时间；未雨绸缪，把握今天；评估行为的进展，检讨行为的效率；提前看到结果，产生持续的信心、热情和动力。

思考题

世界上最伟大的发明家之一爱迪生拥有超过2000项发明。但是有很多人不清楚，他只上过三个月的学。十二岁时，他在火车上当报童，每天火车会在底特律停留几小时，他就会抓紧时间到市里最大的图书馆去看书。不论日晒雨淋，从不间断。他当时根据自己的兴趣，按次序从书架上拿书看。

有一天，当爱迪生看书时，一位老先生走过来问他："你读了多少书了？"爱迪生自信地回答："我读的书可以堆到十五英尺高了。"老先生听后微笑着摇摇头："你是根据什么规则选择书籍的呢？"爱迪生据实回答："我是从下到上，从左到右，一本一本选择的。"老先生说："你的精神可嘉，但如果没有具体的目标，你的学习效果只能事倍功半。"这番话对爱迪生影响很大，使他知道学习需要有目标。后来他根据老先生的建议，将目标锁定在机械、光电等领域，最终成了伟大的发明家。

思考：如果当时爱迪生没有听从老先生的话，他能否节约出更多的时间潜心学习相关专业的科学知识呢？他能否成为享誉世界的发明家呢？

3. 如何确立自己的目标

一般来说，订立目标需要经过以下几个步骤。

第一，做出一个决定。这个决定是你目标的整体架构，以便于你细化目标。确保这个决定是一个正向而且向善的决定。

第二，写下关于健康、事业、金钱、名誉、家庭、享受、心灵成长等的目标，给每个目标列出十条以上要实现它的理由。

第三，制订计划，分解目标，并列出时间表。用发散性思维的方式，如画树状图，尽可能将目标分解成一个个具体而又能完成的小目标。

第四，列出所有要实现的小目标的必要条件和充分条件，注明解决方法，这样才能依据条件去更好更快地实现目标。

（三）学习心理学的含义

学习心理学是心理学的一个重要分支学科，是专门研究人们尤其是学生群体学习的一门科学。这个学科重点是关注人在后天经验或练习的影响下心理和行为变化的过程、条件及效果。近年来，教育心理学家非常关注学习心理学的研究，使其成为心理学研究的热门领域之一，从而积累了大量的研究成果。学习心理学的应用也已成为教育领域的一个重要课题，同时提供了一个庞大的市场。

学习心理学立足于学生的学习本质，从人类的学习过程、思维方式、行为方式、认知理论、信息加工、记忆原理、学习策略等方面入手开展研究，总结出了一系列学习理论和方法。运用学习心理学理论和方法，可以解决学生的一些学习问题和行为问题，促进科学学习，真正做到理论研究服务于学生的学习实践。

二、学习心理学的发展阶段和代表人物

学习心理学是心理学的重要组成部分,这与教育实际中学生是学习的主体有非常密切的联系。早在20世纪初,心理学家就十分重视学习心理学的研究。经过近百年的不断完善和发展,学习心理学研究已经取得了长足的进步,由早期的联结学习论逐步发展为如今的认知学习论,也极大地促进了学生学习效率的提升。学习心理学的发展大致可以分为三个主要阶段。

(一)联结学习论的出现(20世纪前半叶)

从心理学发展历史的角度来看,最早对学习心理学进行科学探讨的是德国心理学家赫尔曼·艾宾浩斯。他是以实验法对学习与记忆的高级心理过程进行研究的第一人。他的研究发生在冯特宣布不能对高级心理过程进行实验研究之后不久,这不仅是对冯特的挑战,而且从根本上改变了有关联想、学习等高级心理现象的研究方法。艾宾浩斯之前的联想主义者,主要是研究已形成的联想,而艾宾浩斯关心的是联想究竟是如何形成的。他以实验方法来研究思维过程,而不是像联想主义者那样只是先假定联结的形成,再经由外在的反应来加以研究。他的很多有关学习性质和记忆的论点至今仍然受到人们的高度重视,并为联结学习论的形成奠定了基础。

美国机能主义先驱者的心理学思想也促成了联结学习论的诞生,比如美国心理学之父威廉·詹姆斯,他以联想和统觉的概念来描绘心理的机能。为提高学习的记忆效果,他建议人们遵循联想律、接近律和相似律。

美国心理学家爱德华·李·桑代克（Edward Lee Thorndike）融联结主义与动物研究于一体，正式提出联结学习论。他认为心理是人的联结系统，学习就是情境和反应之间的联结。他的理论又被称为联结主义心理学。桑代克的联结学习论，最初是试图用来显示联结观念的方式。他受达尔文进化论的影响，强调行为的功能层面。为了研究行为，他把行为分解为最简单的要素：刺激－反应单元。他所关心的不只是对刺激情境采取行动的趋势，还注意是什么使刺激与反应一起出现，他相信刺激与反应是借助于神经连接而联结的。桑代克是学习心理研究的划时代的人物，他根据动物实验研究建立了S-R学习理论模式，这个模式在学习心理学史上有着非常重要的影响，至今仍被广泛使用。

随后，行为主义者统治了学习心理的相关研究。早期行为主义者华生对学习心理问题进行了一系列的客观研究。随后的行为主义者，如埃德温·格思里（Edwin Guthrie）、克拉克·赫尔（Clark Hull）等都提出了自己对学习心理学的一些看法。操作行为主义者斯金纳的研究更系统、更客观、更全面，其学习理论的观点给人留下了深刻印象。20世纪50年代以前的行为主义学习理论研究，尽管对某些学习问题提出过有价值的见解，但都没有超出S-R模式，他们的研究主要集中于学习问题的领域。

联结学习论的主要特点是认为学习的实质在于刺激和反应之间的联结，这种联结是直接的、无中介的，是靠尝试错误而建立的，强调对学习过程的客观研究，相对忽视学习的内部过程。因此，这种理论较适合于解释动物的学习和人类较低层次的学习现象。

（二）认知学习论的形成（20世纪后半叶）

随着学习心理学研究的不断深入，心理学家逐步认识到，联结学习论存在着忽视学习的内在心理过程的严重缺陷，所以他们纷纷反对将学习简单地划分为刺激与反应联结单元的研究，并试图寻求另一种理论模式以取而代之，这就促进了关注学习的内在过程的认知学习论的形成。

认知学习论，以和联结主义、行为主义相对立的心理学流派——格式塔心理学为理论依据，强调从整体上探讨学习的实质，并重视学习的中介过程的研究。格式塔心理学，以马克斯·韦特海默、库尔特·科夫卡、沃尔夫冈·科勒为主要代表人物。他们以整体观"完形"为理论模式。

美国心理学家爱德华·托尔曼（Edward Tolman）是认知学习论的鼻祖。他兼收并蓄，融合了行为主义和格式塔心理学的观点。因此，托尔曼的学习理论具有行为主义、格式塔及认知心理学的性质，他成为从联结学习论向认知学习论过渡的重要人物。托尔曼还提出了自己的符号学习理论，以及认知地图、中介变量、潜伏学习等重要概念，并为20世纪后期认知学习论的形成奠定了坚实的基础。

瑞士的让·皮亚杰（Jean Piaget）是对学习心理学进行认知研究的心理学家，他对认知观的形成起到了很大的作用。皮亚杰对心理发生发展、认知结构及其机能等问题进行了深入探索，并提出著名的认知建构理论和认知发展理论。

认知学习论于20世纪六七十年代正式提出，这是学习理论发展史上的重大转折，表现为由联结模式向认知模式的重要转变。罗伯特·米尔斯·加涅（Robert Mills Gagne）、杰罗姆·布鲁纳（Jerome Bruner）和戴维·保罗·奥苏贝尔（David Paul Ausubel）成为这一发展阶段的重要代表人物，他们对学习问题进行了广泛的认知心理学研究，使学习心理研究进入自桑代克以来的又一个鼎盛时期。

（三）现代学习心理学研究

1. 认知学习论成为现代学习理论的主流

从上述学习心理学发展的历程可以看出，20世纪的学习理论研究经历了两个高峰时期：一是联结理论、行为主义运动，一是认知学习论运动。

在目前的学习心理学研究中，认知学习论以信息加工模型为主要代表。学习被视为信息的加工过程和知识的建构过程。学习包括选择有关信息和通过自己对原有知识进行解释。比如加涅把学习过程细分为动机、注意、预习、编码、寻找和恢复、概括、反应生成以及反馈等一系列过程。

认知学习论的另一个代表为纯认知理论研究，如布鲁纳的结构主义理论，他把学习过程分为新知识的获得、知识的转换、知识的评价三个阶段，提倡通过发现学习，使学生形成稳固的认知结构。

2. 特别强调学习的主动性和积极性

从联结学习论向认知学习论的发展也引起了学习观念的变革。在联结论者、行为主义者看来，学习是反映他们根据动物实验获得的结果，他们把学习看作是一种机械的过程。在这个过程中，成功的反应自动地受到强化，失败的反应自动地被削弱，即刺激与反应的联结根据环境的反馈而得到加强或削弱。

在这种行为主义的观点中，学习者被视为被动的接受者，其行为全部由来自环境的奖惩决定。与这种观念相适应，教学应创造情境来引起学习者的反应，并为各个反应提供适当的强化。因此，练习成为学习的根本。在这种学习过程中，学生是被动地接受着知识。

现代认知学习论把学习视为知识的建构过程，学习者也因此由被动接受者变为知识的主动建构者。根据认知学习论，我们要认识到在学习的过程中，学习者是作为一个积极、主动的参与者，主动地通过认知技能控制认知过程，学习不是记录信息的过程而是理解信息的过程。与之相适应，学习的重心从知识本身转向认知策略，以便有效地帮助学生掌握适合运用于各种学科的学习思考的策略与方法。

三、如何更有效地学习？

（一）增强学习动机

1. 保持适当的学习动机

动机是对所有引起、支配和维持生理和心理活动的过程的概括。而学习动机是指驱使人们进行某种学习活动，以达到一定目标的一种动因或力量，它与个人的需要、兴趣等其他心理因素有着密切的关系。

第一，学习动机有启动作用。只有有了学习动机，才能真正开始学习活动。

第二，学习动机有维持作用。学习动机可以把我们的学习固定在某个方向和目标上，如数十年如一日地学习某种技能。

第三，学习动机有强化作用。学习动机能够引发反思，可以使已经取得较好学习成绩的学生想要更上一层楼，也可以使一些学生意识到自己的学习成绩差而受到责备，进而抓紧时间、刻苦学习，不断取得进步。

第四，学习动机有调整作用，这主要由动机泛化来实现。

2. 保持学习的主动性

学习的主动性，强调自我的主动性，即强调学生是积极的有机体，具有先天的心理成长和发展的潜能。学习主动性实际上是一种关于经验选择的潜能,是在充分认识个人需要和环境条件的基础上,个体对行动所做出的自由选择。通常我们在学习活动中有着不同的学习动机。我们倾向于根据内在的需要和兴趣做出自己的选择。当自我的需要、自我的兴趣、自我的目的等引导我们从事学习活动时,这项学习活动的主动性就是更好的。

(二) 培养学习兴趣

我们经常看到,有些学生将学习视为负担,被动地应付学习,责任心不强,马虎草率,行为散漫,经常旷课、迟到,甚至逃学、辍学,有些甚至发展到恨书,恨老师,恨学校。说到底,这是因为没有学习的兴趣。兴趣是学习的内在动力。古人云,"知之者不如好知者,好之者不如乐之者",只有产生学习知识的浓厚兴趣,才能促使学生产生学习的欲望。

1. 分析自己真正的兴趣所在

(1) 要把兴趣和专长分开。

做自己擅长的事容易出成果,但不要因为自己做得好就认为那是我们的兴趣所在。为了找到真正的兴趣,可以问自己这样一些问题:对于这件事,我是否十分渴望重复它?是否能愉快地、成功地完成它?我过去是不是一直向往它?我是否总能很快地学习它?我是否由衷地爱它?

当我们这样问自己时,最重要的一点是,尤其不要把父母的期望、社会的价值观和朋友的影响加入我们的思考中。如果大多数答案都是肯定的,这件事就是我们的兴趣所在。

(2) 要让自己拥有更多的选择机会。

当代大学拥有更多的选修课和各类兴趣课堂等供我们选择,我们完全可以自己去了解不同的专业、课题,然后从中找到自己的兴趣所在,也可以通过图书、网络、讲座等方式寻找兴趣爱好。

拓展阅读

有一天，祖父带祖冲之去拜访一个精通天文的官员何承天。何承天很喜欢聪明伶俐的祖冲之，询问祖冲之："研究天文不但很辛苦，而且既不能升官也不能发财，你为什么还要钻研呢？"祖冲之挺着小胸脯说："我不求升官发财，只求弄清天地的秘密。"打那以后，祖冲之经常去找何承天学习研究天文历法和数学，以及各种机械制造。通过刻苦的钻研和丰富的实践，祖冲之终于成为杰出的天文学家、数学家。

2. 积极提升对专业的学习兴趣

当无法进行选择时，我们就应该积极提升对专业的学习兴趣，即不仅要"选你所爱"，更要"爱你所选"。首先应尽力试着把本专业学好，并在学习过程中逐渐培养自己对本专业的兴趣。因此，只要多接触、多尝试，我们也许就会碰到自己真正感兴趣的专业。

拓展阅读

有一本书的作者曾访问了几百个成功人士，问他们哪件事是今天已经懂得但在年轻时却留下了遗憾的事情。回答最多的是："希望在年轻时就有前辈告诉我、鼓励我去追寻自己的理想和志向。"

兴趣固然关键，但志向更为重要。我们不必把兴趣当作最后目标，也不必把任何一种兴趣的发展道路完全切断，不同的兴趣完全可以平行发展，实在必要时再做出最佳的抉择。志向就像罗盘，兴趣就像风帆，缺一不可。

那些不喜欢自己专业的同学，可以做以下尝试：积极预习，并做好预习笔记，勾画出自己不太理解的地方和有疑问的地方，上课积极、认真听讲，参加小组讨论活动，下课之后积极做好复习和总结；积极利用好图书馆，包括网上的和线下的，查阅大量的资料，大量阅读本专业或相关专业书籍，拓宽知识面；就专业的某一方面提出自己的见解，无论是自己已经理解了的或者是需要和老师探讨的；将自己置身于浓郁的学习氛围中，与同学一起学习。

那些并不喜欢自己专业的同学，往往会主观臆断，其原因一是对所学专业不了解，二是该专业较冷门，社会认同度不高。在没有办法调换专业的情况下，可以试着做做这些事：积极与老师、学长、同学讨论，了解该专业的价值和发展前景；认真阅读相关文献，了解该专业的发展历史和未来的发展方向，从中发现自己感兴趣的问题；积极参与老师的课题研究或一些社会实践工作，在实践中培养自己对该专业的兴趣，并了解该专业的社会意义；促使自己对学习活动本身更感兴趣，而非学习的目的和结果；明白学习都可以经由有趣、乐趣，最终到达志趣阶段。

（三）抓好学习过程

抓好预习环节。初步理解教材的基本内容和思路，找到教材的重点和自己不懂的问题，并用各种符号做好标记。

注重课堂听讲。首先要做好听课前的准备工作，比如可以调整自己的身心状态，更好地学习；在听课过程中要多思考、多问问题，保持有张有弛的良好节奏。

坚持课后复习。复习一定要及时，在复习的过程中注意思考重难点；复习需要采用多种多样的方法进行。

独立完成作业。独立完成作业，不仅是检验是否掌握所学知识的好方法，也能进一步巩固对所学知识的理解，提高运用能力。

做好课堂笔记。首先需要认识到记笔记对提升学习效果的重要作用。其次要学习记笔记的方法，如学会运用速记符号，记录课程中的重点难点和疑点。最后要牢记，在听课过程中要以听为主，以记为辅。

（四）掌握学习策略

关于学习策略的定义，现在还没有统一的看法，但我们可以这样认为：学习策略是指学生在学习活动当中，有效的学习办法、技巧、规则。凡是有助于提高学习质量和学习效率的办法、技巧、规则，都是学习策略的研究范畴；学习策略既可以是内隐的，又可以是外显的，也有水平高低之别；学习策略是鉴别会不会学习的标志，是衡量个体学习能力的重要尺度，是决定学习效果的主要因素之一。

学习策略主要包括以下几类。

1. 基本学习策略

基本学习策略是指学生对学习材料的信息加工策略，包括复述策略、组织策略、精细加工策略，又称内部学习方法。

复述策略指学生在有意控制下，主动地以语言的方式，出声或不出声地重复先前学过的材料，以帮助记忆。一是累积复述（cumulative rehearsal），即全面复述所学的材料；二是部分复述（partial rehearsal），即只复述重点或关键的材料；三是叫出名称（naming），即对材料概括出一个名称，提出主要意思。

组织策略指对学习材料进行一定归类、组合，以便于学习、理解的一种基本学习策略。它可以帮助学生有效地记忆学习材料。一般来说，学生首先能回忆的是有组织结构的信息，其次才是个别的信息。其方法有两类，一是轮廓法，即通过建立标题来增进理解。二是地图法，主要有四种具体方式：①通过分类分析段落中不同句子的含义，将它们分解成主要概念、例子、比较（对比）、相互关系和推断；②用最简单的框图将这个分类模式展开；③进行语句分类练习，陈述选择的理由；④独立练习，以便在更复杂的材料中能运用这些基本技能。

精细加工策略指学生利用表象、意义联系或人为联想等方法对学习材料进行精心加工，以加强理解与记忆。主要有四种方法：一是首字母法，如借助"ROYGBIV"记忆七种颜色；二是辅助词法，即运用辅助词汇来帮助记忆；三是位置法，即与一个特定的熟悉的地方相联系；四是关键词法，如运用谐音等进行记忆。

2. 支持性学习策略

支持性学习策略是指学习时间的分配和学习活动中的各种技巧等一些具体的学习方法，又称外部学习方法，如制订学习计划、预习与复习、做摘要、写评注、在书上做圈点勾画等。

（1）学习计划与时间管理。制订学习计划，首先要梳理自己的学习情况，找出自己的薄弱环节、存在的问题等，然后再合理分配时间，有针对性地安排学习任务，一一去落实。

（2）预习与复习的策略。①在预习时做到"一划、二批、三试、四分"。"一划"就是划知识要点和基本概念；"二批"就是把预习时的体会、见解以及自己暂时不能理解的内容，批注在书的空白处；"三试"就是尝试性地做一些简单的练习，检查自己预习的效果；"四分"就是分出哪些是通过预习不能理解和掌握，需要在课堂上进一步学习的。②合理安排复习时间。根据艾宾浩斯的遗忘曲线做到跟进复习、实时复习，温故而知新；采用综合复习方法，找到知识的内在联系，从整体上加深理解与记忆；精选例题，做到一题多解，一题多用，做到理解、综合、创新；针对自己的特殊情况，分层掌握知识要点，自主学习，自主发展；养成先思考后解答再检查的良好习惯，遇到一个题目，不能盲目地进行练习，无效计算，应深入理解题意，认真思考，抓住关键，再解答，然后检查。

（3）学会听课。第一，要认识到听课的重要性。课堂教学是教师传授知识、解难释疑的主要阵地，也是学生获取正确信息、匡正错误、提高能力的主要渠道。第二，要认识到课堂知识的浓缩性。从学习学科知识的角度讲，学生听课的主要任务是在教师的引导下继承人类宝贵的知识财富，并在这个过程中锻炼观察能力、动手能力、听说能力、思维能力、综合分析能力、运用知识解决实际问题的能力等。教师传授的知识，一般都是人类长期实践总结的产物，是人类智慧的结晶。教师一节课讲的内容，可能是一代或几代科学家研究的成果。可以说，在教师的指导下，学生走的是一条最近最直的认识道路。抓住了课堂学习，学习效率就能成倍提高。

（4）学会批判性思维。批判性思维是指基于严格的推断，善于进行质疑、辨析的思维方式。这种思维引导我们树立深思熟虑的思考态度，尤其是理智的怀疑和反思态度；帮助我们养成清晰性、相关性、一致性、正当性和预见性等好的思维品质；培养我们面对是非而做出合理决定的思维技能。批判性思维是帮助我们过健康精神生活、提高学习质量和工作效率的工具，所以学生需要在学习实践中慢慢去培养这种思维方式和思维习惯，并运用这种思维习惯去认识问题和解决问题。

3. 自我调控的学习策略

自我调控的学习策略是指学习者在一定程度上从认知、动机和行为方面积极主动地参与自己的学习过程，是人类意识的主观能动性在学习中的具体体现。具体而言，自我调控的学习策略包括以下几方面。

（1）将学科目标分解成可操作的步骤。分解学科目标就是要将抽象的学习目标具体化为可测量的、可评价的学习目标。这样的学习目标要清楚明白，比如要表达清楚是谁学、学什么、怎么学、学到什么程度，即要体现学习目标的基本要素：学习主体、学习表现、学习条件和表现程度。

（2）确定步骤和选择材料。找出核心概念进行剖析扩展，以确认核心概念所涵盖的具体意义。如地理学"在地图上量算距离"的核心概念是"距离"，用概念认知展开的方式，量算"图上距离"和"实际距离"。

（3）用丰富的事例进行阐释和讲解。就是用同一学科中其他有意义的材料或事例来进一步阐释、讲解与延伸，以更深入理解学科的核心概念和基本原理。

（4）设计问题，提供大量的练习机会。对核心概念再创设许多问题和实践机会，从不同的方向来进行巩固和拓展，以获得更为持久的学习能力。

（5）及时予以反馈和修正。识别前面的过程存在的问题，认真地加以分析，考虑各种可能发生的情况，综合自己的能力与存在的各项条件，细心、耐心地加以整合，采取有效的行动措施，对可能存在的疑问或没有深入理解的部分及时进行修正处理。在处理的过程中，又不断地识别新的问题，通过分析、综合、评估、反馈、执行对问题进行处理，在不断反馈与修正的过程中发现新的问题，从而更好地解决问题。

（6）积极自我监控学习过程。学生自我监控是指学生在学习活动的全过程中，将自己在进行的学习活动作为意识的对象，不断对其进行积极的计划、监察、检查、评价、反馈、控制和调节的过程。这不仅能够让学习过程变得更加专注，同时也能对自身的学习做出更好的反思。

鲁迅先生从少年时代起，就和学习结下了不解之缘。他一生都节衣缩食，将钱用在购买书本之上。他看过的每一本书，上面都勾勾画画，用不同的符号写了很多自己的思考，并在书上将疑惑之处也一一标注出来。而且，他还时常将书上的笔记拿来温习。如果有人借书，他宁可买一本新的借给别人，都舍不得将自己用过的书借与他人。

思考：鲁迅调控自己的学习过程主要做了哪些事情？鲁迅这样做的好处有哪些呢？

4. 探究性学习策略

探究性学习是以学习者的学习为出发点和归宿，遵循学习者的认知规律，通过提供开放式和趣味性的学习情景，激发学习者对知识的好奇心的探究愿望，引导学习者进行以设问方式、自由发挥为主要特点的探究与创造活动。具体而言，探究性学习包括以下几个步骤：

（1）提问阶段。在教学中除了应建立平等、民主、和谐的师生关系外，还应注意营造良好的学习氛围——一个不时在感染人、熏陶人的良好的学习氛围，能激起学习者的学习动机，从而让学习者发现问题，提出问题，明确探究目标。比如，可以提出这样一个问："你们是如何定义大学生的学习的？"老师在解答该问题之前，可以同时用课件展示相关知识的各种图片，以此来创设问题情景，然后让学习者探索出一些与相关知识内容相关的问题，接着引导学习者围绕这些问题进行探讨与思考。这样学习者既可以主动参与相关问题，又可以在宽松愉悦的环境中获得丰富的知识，从而产生学习和探究的乐趣。这样不仅可以促进自己灵活地掌握知识，还可以锻炼自己的批判思维能力。

（2）探究阶段。这是探究学习的核心部分，最少包括四个步骤：问题阶段、计划阶段、研究阶段、解释阶段/反思阶段。在学生明确探究目标后，教师就成为学生进行探究活动的"参与者"和"合作者"，千万不要指导与干涉过多，要给学生独立探索、大胆设想的空间，保护其独立见解，让学生在思维碰撞中迸发出灵感的火花，从而体验探究的乐趣。教师要注意把握课堂教学中的探究点，引导学生积极参与、自主探究。

（3）归纳阶段。此环节主要是组织学生互相交流，对探究的结论进行归纳总结，从而使问题得到解决。对探究性学习的评价，要重视对学生的行为进行积极性评价，从而使学生能以积极的心态参与探究性学习活动。为此，教师在这一环节中要善于捕捉学生探究、创新的思维闪光点，让他们体会到成功的喜悦，进一步激发他们的探究与创新意识。

（4）实践阶段。教师要引导学生将探究归纳出的新知识、新方法应用于实践，解决实际问题。这就要求教师精心设计好课堂延伸这一教学环节，设计具有探究、创新空间的练习题、结束语，使之具有启发性、创造性。可见，教师应在充分利用教材的基础上，对教材进行适时延伸。

拓展阅读

近代大学问家王国维先生认为学习必须经过三重境界。第一重境界，"昨夜西风凋碧树，独上高楼，望尽天涯路"，即充满对知识的无限渴求，大脑中有很多的疑惑和思索。第二重境界，"衣带渐宽终不悔，为伊消得人憔悴"，即对疑问的大胆想象和比较分析，积极查阅大量的资料，去佐证或回答之前的问题。第三重境界，"众里寻他千百度，蓦然回首，那人却在灯火阑珊处"，即对刚开始提出的问题的顿悟、归纳和总结。

（五）提高学习的自我效能感

自我效能感指人对自己是否能够成功地进行某一行为的主观判断。自我效能感的概念是美国心理学家阿尔伯特·班杜拉（Albert Bandura）在20世纪70年代提出的。自我效能感影响人们对活动的选择、努力程度、坚持性、归因方式和情绪反应等。自我效能感强的人倾向于选择挑战性任务，面对困难和挫折时有坚强的意志，坚持不懈，并且倾向于将失败归因为能力不够。自我效能感低的人则相反。

学生是有血有肉的人，教育的目的是激发和引导他们的自我发展之路。而自我发展之路，就是要不断地提高自我效能感。自我效能感会直接促进学习效果，在学习过程中我们需要获得成功的体验，增强信心，激发习动机和热情。如果学生在学习过程中常常获得的是自卑和失败的感觉，就会大大挫败其学习的激情。

1. 影响学生自我效能的因素

（1）个人因素。包括：自我价值感，其决定了个体对活动的选择，影响个体对特定活动的价值评价与行为反应倾向，影响个体新行为的习得；动机，即内在动机的影响；归因，即可控的、非稳定内部因素；认知风格，如冲动型、反省型、场依存性、场独立性等都会对自我效能产生影响。

(2) 行为因素。即通过自我观察、自我判断、自我反应三个要素促进自我效能的提升。自我观察：受个人内隐过程，如自我效能感、目标确定、元认知等影响，同时也受行为的影响。自我判断：包括"理想自我""现实自我""镜像性自我形象""理想性自我形象"。自我反应：个体通过采取行动来调整自己的行为和情绪，以实现自我控制和自我调整。

(3) 环境因素。通过模仿、言语指导、环境结构、社会援助等因素来共同促进自我效能的提升。

2. 创设成功的机会

我们可以尽量找到自己学习上的"闪光点"，哪怕是一次小小的胜利，给自己以及时的鼓励。另外，还需要正确评价自己，适当表扬与奖励。当我们在学习活动中取得了一定进步，要及时表扬自己，不论是精神奖励还是物质奖励，都要快速及时地给出。学会淡化奖励的外部控制作用，应认识到过程比结果更加重要，通过创设成功的机会使自己不断增强自我效能感。

3. 制订合适的学习计划

我们在制订计划时需要遵循几点：一是要明白完成某项学习任务是眼前的事，而非未来的事，须知"我生待明日，万事成蹉跎"；二是制订计划需要清晰明确，绝不能笼统模糊，因为这样才能够让自己产生足够的动力；三是制订的计划对个体具有适中的挑战性。如果目标设置过高，就会失去信心。相反如果目标设置过低，就会丧失激情。四是一定要结合自己的时间管理来制订学习计划。

4. 找到学习榜样

心理学家班杜拉认为观察是学习的一个主要来源，认为所有学习现象都可以通过观察他人行为及其结果而实现。在观察学习中，学习者不必直接做出反应，也无需亲身体验强化，只要通过观察他人在一定环境中的行为，并观察他人接受一定的强化便可完成学习。学习者要找到学习的榜样，通过观察榜样的言行、举止、做事原则等，学习他们的做事风格、深化思想境界。

5. 自我效能感的具体运用方法

运用自我效能感的方法有很多，有齐姆曼自我调控法、直接指导法、规程化训练、出声思维法等，在这里仅举几个最常见的例子来进行简单说明。

齐姆曼自我调控十四法：通过自我评价、组织与转换、目标确定、寻求知识、记录与监督、自我预测后果、练习和记忆、寻求社会帮助等获得自我调控的方法。

规程化训练：训练者将某一活动技能分解成可执行、易操作的小步骤，而且使用简练的词语来概括每个步骤的含义；通过活动实例的示范来展示如何按步骤进行活动，并要求训练对象按步骤活动；要求训练对象记忆小步骤，并坚持练习，直至使之自动化；基本技能的训练应成为自我调控策略的重要方法。

出声思维法：让被试利用外部言语进行思考，使自己的思维过程外显化并得以在一定程度上被直接观察。要求学生通过出声思维法进行练习，以便更好地体会自我调控过程。如在阅读理解中进行出声思维，以便能在头脑中形成具体而形象的画面，也更不容易忘记曾经识记过的知识。

参考文献

[1] 冯正广. 成功从目标开始——大学生目标指导手册 [M]. 成都：西南交通大学出版社，2014.

［2］顾明远. 教育大辞典：第五卷［M］. 上海：上海教育出版社，1990.

［3］冯忠良. 教育心理学［M］. 北京：人民教育出版社，2000.

［4］吴增强. 学习心理辅导［M］. 上海：上海教育出版社，2012.

第六讲

日常生活有哪些真相？——社会心理学

在我们的日常生活中，常会出现一些和心理状态密切相关的现象和问题。比如，很多人知道拖延不好，但每次面临任务时还是会选择拖延到最后才完成；又如，在互联网上经常可以见到一些充满"丧"的气息的图片和文字受到部分年轻人的追捧，并能堂而皇之地流行开来，这是为什么？再如，生活中会有一些人很容易被激怒，无论事情大小，总会引得他大发雷霆，他为什么这么容易生气？还有，我们都希望自己的人生能一帆风顺，但人生顺利一定是好事吗？这些都是我们在生活中常见的现象和问题，如何来解读这些现象，正确看待这些问题呢？这就涉及社会心理学范畴了。

社会心理学是研究社会相互作用背景下人的社会行为及其心理根据的科学，概括地说，它研究的是和社会有关的心理学问题。知名学者戴维·迈尔斯（David Myers）认为社会心理学是一门研究我们周围情境的力量的科学，尤其关注我们是如何看待他人、如何影响他人的。社会心理学的目标是科学地描述、解释、预测和控制人的社会行为。

因此，在心理学领域，社会心理学的知识积累和研究发现不仅可以使人们科学地了解身边发生的诸多社会心理现象，或被直接用来解决日常生活中的问题,而且在很多人文科学领域,如社会学、人类学、管理学中也被广泛运用。

本讲将基于社会心理学的原理,用通俗易懂的方式来解读日常生活中的几个常见现象,通过生活中的实例带着大家一起了解社会心理学这门学科。

一、你拖延吗?

"拖延"这个词,大家应该都不陌生。拖延的英文单词为 Procrastination,其拉丁字源 pro 意为"向前",crastinus 意为"明天",即把应该及时采取的行动推迟到"明天"的某一时刻。有学者将拖延解释为:故意推迟展开某项工作或者结束某项工作的时间,并随之产生一些不良情绪。一般来说,拖延者对拖延带来的糟糕后果是有预料的,但还是采取了拖延行为。很多人在拖延过程中对自己是不满的,但似乎又无力改变。

生活中不少人都有不同程度的拖延症状,还有一些名人也有拖延症状。比如新文化运动的主将之一胡适,他在《胡适留学日记》里记录过自己的学习状态:

7月4日 新开这本日记,也为了督促自己下个学期多下些苦功。先要读完手边的莎士比亚的《亨利八世》……

7月13日 打牌。

7月14日 打牌。

7月15日 打牌。

7月16日 胡适之啊胡适之!你怎么能如此堕落!先前订下的学

习计划你都忘了吗？子曰："吾日三省吾身。"……不能再这样下去了！

7月17日　打牌。

7月18日　打牌。

……

胡适因为有较严重的拖延行为，导致他原本计划出一本收录365首诗的诗集，最后直到去世，也才收集了105首，不能不说这是一大遗憾。

通过一些研究资料，我们了解到"拖延"一直伴随着人类。到现在，拖延已经成了人们日常生活中常见的现象，给很多人带来苦恼，影响学习和工作的效率，阻碍目标的实现，从而降低人们生活的幸福感，导致学业和事业难以有效地开展。对拖延症，我们要重视它的危害，在充分认识拖延症产生原因的基础上，加以克服。

（一）拖延的表现类型

1. 过于自信而不急于完成

过于自信的人，会高估自己的能力，对时间的把控能力不强，认为自己可以高效、迅速地完成任务，所以不慌不忙、成竹在胸。他们一般会选择先完成其他事情，待到任务快要截止了，才开始完成任务，一旦任务比自己预计得复杂，就会花费比原来更长的时间来完成，以至于最后慌慌忙忙追赶进度。这类人无疑非常相信自己的能力，觉得自己能够把控局面，因而拖着不着急处理。

生活中，人们有时候对自己有把握的事情会表现得不那么重视，认为要完成非常容易，不用着急。比如，某个中考学生直到考试即将结束才发现已经没有足够的时间填涂机读卡了，痛失大量本该获得的分数。

事后他无比懊恼地说:"我总觉得填涂机读卡很容易,就两三分钟的事,时间要多拿来检查题卷,于是一直拖着没有及时填涂,哪知道最后时间根本不够。"类似这样的现象还很多。这样看来,过分自信以至于认为自己对结果和局面可以把控,不急于完成的现象就是一种拖延。这样的拖延让人纵使拥有完成这件事的能力,也会很难达成预期的结果。

2. 找借口为自己设置"障碍"

著名导演伍迪·艾伦(Woody Allen)曾说:"生活中90%的时间只是在混日子,大多数人的生活层次只停留在为吃饭而吃饭,为搭公车而搭,为工作而工作,为回家而回家。他们从一个地方逛到另一个地方,使本来应该尽快做的事情一拖再拖。"很多有拖延行为的人,我们经常能听到他们找的借口。他们会为自己的拖延找一个合理的解释,以缓解没做成事的焦虑与压力。找到导致自己拖延的"理由",也就减轻了自责感。

拖延的害处很多,每个人都能从过往的经历中细数出几条,比如没有按时完成作业被老师扣分,体能训练拖延了很久导致最后在比赛中被淘汰,没有按时完成小组交给的任务导致被小组踢出团队……这样的事太多了,但为什么我们还是在拖延呢?可能潜意识里依然认为拖延对自己有好处,或者有很好的理由不去做那些并不十分想做的事。生活中我们很多人在不想做什么事的时候,是不是也这样为自己开脱过呢?

这种找借口为自己开脱的行为就是心理学上常说的自我束缚,即给应该做的事设置障碍,阻止自己完成任务。这种情况往往是因为人们对自己要做的事情没有信心,害怕失败,因此在前进的道路上设置"障碍",如果事情的结果确实不太理想,他们就有了为自己申辩的理由。长期以这种方式行事,就会限制人的发展。

3. 个人完美主义的拖延

追求完美主义的人，不太承认自己的拖延。其拖延表现在，总是以高标准严格要求自己，他们有一套独特的价值理论体系，他们宁可拖延也不容许自己表现不好，要是客观条件未达到标准，就会一拖再拖，直到条件符合自己的要求才会进一步实施，这样也就形成了拖延。达·芬奇是被作为拖延症患者提及较多的名人，他博学多才，但由于追求完美和新的灵感，他完成的画作并不多。

也有一类追求完美主义的人，事事都想表现得优秀，定下的目标又常常难以企及。一开始，他们认为自己能做到，一旦发现无法实现这个目标，就会变得手足无措，于是带着失望开始拖延，在现实中开始退缩。比如，一个多年没有锻炼身体的人，想花一个月时间重塑身形；一个刚入职的销售员，想在半年之内成为销售冠军；一个刚开始写作的人，想让自己第一部作品就能大卖……这些不切实际的目标，很快就成了他们实施下去的阻力，因为他们发现自己做不到，索性拖着不再认真实施。这样的"完美主义"，在现实中往往会造成拖延行为。

4. 时间观念差

其实对于时间的流逝，不同的人会有不同的感受，对待时间的态度也不太相同。有一些人拖延，是因为时间观念较差。但这类拖延者往往不愿承认自己的时间观念差。接到任务，他们通常觉得完成这项任务用不了太多时间，也有的是时间，于是一拖再拖，拖到最后实在没有时间了才赶紧熬夜赶着完成。比如有一些在校学生，认为老师布置的作业自己差不多两个小时就能完成，于是上午的时候想着要不下午做吧，来得及；到了下午，又觉得还有晚上呢，晚上精力更集中，效率也更高，结果一直拖到半夜，第二天一早就要交作业的压力陡增，只有熬夜对付着赶紧完成。这样对付着赶完的作业，很难是高质量的作业，也就潜移默化地影响着个人的学业和前途。时间一长，因为每次都是赶着完成，质量都不太高，还会导致个人对自己能力产生怀疑。

5. 注意力难以集中

日常生活中，人们经常出现注意力分散的情况，总是同时做着几件事，导致很多事情无法按时完成，或者完成的质量不高。

从以上叙述中我们可以看到，不管是名人还是普通人，很多都被不同程度的拖延行为困扰着。拖延对人们的影响，小则耽误一时一事，大则耽误前途人生。拖延行为带给我们的挫败感，影响着我们的成就感与幸福指数。

（二）拖延的深层原因

1. 因为压力大而逃避

过于自信和过于不自信都会给人们带来较大压力。当我们觉得一项任务较难完成，或者自己想要将任务完成得更好的时候，我们都会感到压力大，再加上趋利避害的天性，有时候我们会本能地选择逃避，这是一种自我保护方式。当无法逃避时，很多人就选择拖，拖到不能再拖的时候，再逼着自己去完成。

社会心理学中的行为主义观点认为，拖延也是一种习得性行为。强化理论认为，拖延是被强化后的行为，拖延者在以前的经历中有过拖延行为，但并未在拖延之后造成损害，相反可能从中获得了满足感，甚至是成功经历，从而导致其形成拖延的习惯。拖延者因为压力选择逃避，在必须完成任务的时候再"毕其功于一役"，有时候这种紧迫感也会让拖延者在短时间内高效地按照既定的目标完成任务，拖延者于是从中获得满足和快乐。因此，这种刺激性的体验又会在以后的类似任务中强化拖延的行为。

2. 回避能力不足

相关学者认为,在任务难度较大的情况下,部分自尊不足的人通常会选择推迟完成任务以逃避自己能力不足的问题。大部分拖延者认为自己的拖延行为是因为时间有限或者精力不足,有时候找借口说自己还有其他更重要的事情要做,为自己没有按时完成任务的行为找很多客观理由,但对自己能力不足的问题却不愿意承认,通过这种方式维护在他人心目中的所谓尊严。因此,拖延有时候也是为了逃避面对自己能力不足的方式。

3. 人格特质因素

国外多数研究者认为拖延与一种或者几种稳定的人格特质相关。拖延与大五人格模型的相关研究表明,责任意识强的人行事果断,有明确的目标和坚定的决心,不容易出现拖延;神经质高的人情绪不稳定,更容易焦虑、担忧,且难以自我调整和控制,更容易感受到来自任务的压力,加上对任务目标不坚定,从而更容易出现拖延。

有学者认为,常与拖延联系的人格特质还有完美主义。人们的某些拖延状态和行为并不是拖延者缺乏能力,不够努力或者懒惰,而是个体对任务的完美主义或求全观念的反映。完美主义人格特质的人,在完成任务时往往花费比预期更多的时间,这种拖延是为了花费更多的时间将任务完成得更好。

4. 因为不喜欢而分心

从精神分析学角度来看,拖延属于一种自我防御机制,当人们对自身能力不自信,或者任务太难,对任务或与任务相关的人或者事物抱有敌意和抵触时,人们往往通过拖延来防御既定任务可能带来的不良后果。

精神分析理论认为家庭教养方式,父母的权威都会影响个体的拖延行为。时间对拖延者的限制往往被拖延者无意识地解读为权威形象的象征，通过无视时间限制或与时间对抗，来发泄自己对于严格或放纵的父母管教方式的不满情绪。

拖延症虽然并不是一个严格意义上的心理学或医学术语，但严重或者经常性的拖延行为，通常是一些深层次心理问题的表现，因此必须重视。严重的拖延状态，不仅会影响我们身与心方面的积极性，还会导致我们越来越不自信。现在很多心理学家研究发现，很多人的抑郁症跟拖延习惯有着直接关系，因为拖延行为往往会直接带来不自信和空前的压力。

（三）如何摆脱拖延

1. 明白是什么原因造成了自己的拖延

是因为想逃避压力？还是因为不喜欢而不想去做？又或者是因为不想暴露自己能力的短板？如果是因为想逃避压力，那么需要调整好心态，在心里提醒自己无论如何任务都必须完成，与其后面慌慌张张地应对，不如趁现在还有充足的时间，好好完成。如果是因为不喜欢而不想去做，就努力暗示自己这件事对自己来说也许是个挑战或者机遇，并且完成之后自己将得到可喜的回报，以此刺激自己去完成这件任务。如果是因为想要回避能力不足而造成拖延，就分析清楚自己的短板在哪里，通过提升自己或者向他人寻求帮助等办法，让自己能按时完成任务。

2. 通过行为改变自己，先给事情开个头

社会心理学研究中有一个定理：如果我们觉得要为自己的行为负责的话，我们的态度就会依从行为，这就是态度—依从—行为法则。这个法则告诉我们：如果我们想在某个重要的方面改变自己，最好不要等待顿悟或者灵感，有时候真的需要我们先做出行动——开始去写那篇论文，去打那个电话，去见那个人——尽管我们可能非常不情愿那么做。总之，先开个头，会让我们因为已经做出的行为而不得不逼着自己继续做下去。

3. 给自己设定规则

给自己设定完成事情的截止时间，并在完成任务后给自己一个奖励；与此同时，和奖励相对的，对于拖延导致任务失败的情况，要给予自己相应的惩罚。列一个事件表，把一直在拖延的该完成的事情罗列出来，强迫和监督自己一件一件地去完成，完成一件做一个记号，直到所有事情全部完成。当曾经未完成的事一件件被划掉时，对自己的行动力也有一种积极正向的促进作用，还可以发动身边比较亲密的人给予自己严格监督。

4. 多运动，让身体轻起来，帮助我们积极行动

美国曾经有一个科研团队招募了179名大学生，让他们记录自己21天以内的锻炼情况，然后回答是否每天和自己周围的亲戚朋友进行过积极友善的互动，是不是完成了自己设置的目标。最后证明，跟不锻炼的人相比，锻炼的人会进行较多的社交活动，而且完成更多的目标。因为身体的积极与轻盈可以带动心境更快地转换，增加完成目标的动力，积极完成该完成的事。

拓展阅读

小刘讨厌写论文，她觉得这是一项没有任何趣味可言的事情，虽然早该动手，可她一直拖到最后期限的前一天。即使坐在了电脑前，她也没法集中精力，而是左顾右盼地用其他事情打发时间。当她重新阅读了自己写下的一行字，又觉得自己写得太差了，还不如在网上复制更好，

最终她没有自己写,而是从网上东拼西凑了一篇。

人们知道在不喜欢的事情上很难投入精力,因此会在选择方面下功夫。比如,在选择专业和职业方面,每个人都更倾向于选择自己喜欢的。如若不然,学业和职业不仅仅是痛苦的源泉,而且会因为缺乏积极性,影响了个人发展。

要避免这种拖延,除了慎重选择之外,还要注重培养兴趣,唯有如此,才能让大脑不会总是发出"无聊"的信号,让你总是在这些事情上拖下去。

如果你讨厌做家务,那就想想窗明几净的家多么温馨啊;如果你讨厌写论文,那么就想想论文代表的是你个人的研究成果,这是件多么有成就感的事情啊;要是你讨厌锻炼,那就看看那些练就一身好身材的人多么受人青睐。总之,你得找到行动的动力。

二、你为什么这么丧?

2016年,葛优1993年参演的室内情景剧《我爱我家》里的人物季春生的一张剧照,在网上一发不可收拾地走红了。互联网冠之以"葛优躺"或"葛优瘫"的名称,代表着颓废、无所事事、游手好闲、不想奋斗,只想坐享其成的状态。这在一些年轻人中产生了一种共鸣。一些"90后""00后"的年轻人,在现实生活中,因为生活、学习、事业、情感等的不顺,在网络上、生活中表达或表现出自己的沮丧、妥协和自嘲,似乎一夜之间,"葛优瘫"正代表了这些年轻人的心境,因而快速流传开来。互联网上更是将这种年轻人中流行的表现颓废、妥协、麻木、自嘲的语言文字和图画所表达的心态和思想,叫作"丧文化"。

概括说来,"丧文化"是青年亚文化的一种新形式,以"废柴""葛优躺""小确丧"等为代表的"丧文化"的产生和流行,是青年亚文化在新媒体时代的一个缩影,它反映出当前一部分青年的精神特质和集体焦虑,在一定程度上是新时期部分青年社会心态和社会心理的一个表征。

在"丧文化"开始流行的时候,不少年轻的追捧者,其实都抱着一种娱乐调侃的心态。他们用一些语言来表达对现实的讽刺和不满。在互联网上,随处可见这样一些表现"丧"的图片、文字或表情包。在"丧文化"所营造的氛围下,青年感受到的是轻松,没有来自社会和周围环境的压力,也不用怀着防备之心。他们似乎在互联网上找到了"志同道合"之人,于是倾情转发,不亦乐乎,使"丧"的气息在互联网广为传播,同时也用它们来为自己代言。

如今的青年人确实面对着各种各样的压力和挑战,从校园到职场、从物质到情感,竞争无处不在。在充满竞争压力的环境下,遇到挫折、感到郁闷,都是成长过程中的正常状态。对青年人而言,在生活中遭遇一些压力与挫折在所难免,遇到挫折之后的愤懑不满,和看似时髦的"丧文化"遇到一起,自然会产生一种化学反应,让其在短时间内流行开来。可以理解部分青年用调侃的心态表达自己的不满,并且试图找到共鸣,以缓解自己在压力下选择逃避的自责。偶尔的"丧言丧语",在一定程度上能够帮助排解不良情绪,但过度的沉溺却不利于青年身心的成长。有一些青年似乎在这种所谓的网络"丧文化"中,找到了逃避现实的"合理"解释,并且深陷在这种颓废、悲观、自嘲、无奈等消极情绪和状态中不能自拔。

(一) 陷入"丧文化"的原因

1. 缺乏目标

目标对于我们每个人来说都有着极其重要的作用,因为它决定着我们该朝哪个方向前进,应该多关注些什么,该把时间用在什么地方,该完成什么事去达成目标。对于目标的追求,往往能给我们动力,让我们提高效率。就好像一艘在海上航行的船,在目的地明确的情况下,始终能集中力量毫不犹豫地沿着正确的航向行驶;但没有目标的话,航行就变得没有方向和意义。对于大学生来说,如果没有目标,就会对到大学来学习的目的和意义认知模糊,学习没有动力和兴趣,学习一不如意就开始自我怀疑和放弃努力。这样的学生就可能把大量本该放在学业上的时间和精力用在其他意义不大或者毫无意义的事情上,比如沉迷游戏、恋爱、社交等,对于学习则用很少的时间应付了事。一旦学业受挫、前途堪忧时,有些同学就会以"这个专业不是我喜欢的""努力了又能怎样,还不是个打工人"等"丧"的语言表达自己的无奈,掩饰自己的失败感和恐慌感。这就是比较典型的"丧"。

2. 逃避压力

逃避压力不光会导致拖延,也会让人陷入"丧文化"的泥淖。有些大学生,为逃避学习压力,以学不懂、学不好或者没有学习条件来为自己开脱,"理由充分"地拒绝周围人对自己的劝告或管束。为躲避人际交往,有的学生选择宅在家,躲在自己的世界里打游戏,不出门、不面对社会,用网购、外卖解决生活需求。

这些逃避压力的行为有一个共同点:对没有把握的事情选择逃避,以其他更有把握的事情来替代,这些"更有把握"的事情往往能给他们带来安全感,让他们能够暂时待在自己的"舒适区"。因此看上去这些青年人好像也在做事，却在逃避该做的事，以此来取得与外部世界和内心世界的和解，避免因自己的不努力而无法面对环境的挑战。这也是一种"丧"。

3. 过分讲求实用主义

实用主义的人关注的是做这件事情的结果给自己带来的好处或者收益是否达到自己的预期，不太会关注自己是否适合去做或者是否喜欢做这件事。因此，一些被实用主义束缚的青年人，受到社会上关于"有用""没用"言论的影响，觉得"有用"的就去做，"没用"的就回避。但到最后，却因为无法科学衡量哪些"有用"、哪些"没用"，无法做出正确选择而陷入迷茫。

很多实用主义的青年人，学习的最终目的没有考虑自己的兴趣和志向，而是首先考虑是否好就业，如何能挣到很高的薪水。因此，一些大学生选择的专业并不是自己喜欢的，或者适合自己的。他们当中的有些人的专业甚至是由父母代为选择的，而父母也是根据目前社会上的经济回报来衡量的。然而部分学生在这些"有用的"专业学习过程中，却发现所学知识完全不对自己的"胃口"，提不起兴趣学习，也学得越来越艰难，最后索性以"不喜欢这个专业"为由，不再努力认真学习，整日无所事事或者碌碌无为，陷入"丧"的泥淖。

4. 习得性无助

"习得性无助"是美国心理学家塞利格曼于1967年提出的，即反复的失败或惩罚导致的听任摆布的行为，是一种通过重复这种经历形成对现实无望和无奈的心理状态，这种心理让人们自设障碍，认为失败是由自身不可改变的因素造成的，继而丧失了前进的勇气和决心。

这个概念告诉我们，如果一个人总是在一项工作上失败，当他有习得性无助的潜在心理，就会在这项工作上放弃努力，甚至还会因此对自身产生怀疑，觉得自己"这也不行，那也不行"，无可救药。而事实上，此时此刻的他并不是"真的不行"，而是陷入了"习得性无助"的心理状态中。这种心理让人们自设樊篱，把失败的原因归结为自身不可改变的因素，放弃继续尝试的勇气和信心，干脆破罐子破摔。"习得性无助"往往有这三方面的原因。

第一，生活中不良状态的长期积淀。"习得性无助"产生的绝望、抑郁、意志消沉、心灵偏差现象，正是许多心理和行为问题产生的根源。在生活中不良状态的长期积淀导致了非智力品质的弱化。职场中，也有青年人同样努力过，也曾经取得过自认为可以的成绩，但是往往不如他人，因而很少得到领导或者老板的赏识，长期被忽视，便逐渐丧失了自信心，变得怨天尤人。这便形成了"习得性无助"的心理。无助感与失尊感均是"习"得的，不是天生的，是经过无数次的重复、无数次的打击以后慢慢养成的一种消极心理现象。

第二，低成就动机。成就动机是个体希望通过从事具有挑战性的工作实现自身价值和理想的心理动力。成就动机高的人往往愿意付出百倍努力、全力以赴，有应对挫折的决心和勇气。"习得性无助"者成就动机低，没有目标，或者制订不切实际的目标，在学习、工作、生活中提不起兴趣，无精打采、得过且过，他们考虑得更多的是失败的后果，因而不奢求成功，当然也不再付出努力。在竞争日趋激烈的当今社会，经济形势因为多方面因素日益严峻，人工智能的快速发展、数字经济转型期带来的不确定因素，让青年群体更深刻地体会到社会竞争的残酷。梦想渐行渐远的无奈只能用"丧"的语言来自我调侃。

第三，不正确的归因。"习得性无助"现象产生的主要根源在于一个人的归因方式。当他认为造成其失败以及心理问题的因素，是内在的、稳定的、不可控制的时候，就容易感到内疚、沮丧和自卑，认为无论尽多大努力,都将难以提升自己的成绩和表现,从而降低执行的动机,不愿做持续的努力,出现得过且过的心灵偏差。比如在学校中,一些学生曾经也努力过,挥洒过汗水,但无论怎么努力,仍然常常失败,很少甚至没有体验到成功的快乐。一次次的失败,促使他们对此做出不正确的归因,认为自己天生愚笨,能力不强,智力低下,不是学习的材料,因而主动地放弃了努力,举起了"白旗"。

可以看到,人一旦形成"习得性无助"的头脑,思维就会变得消极,认为失败是必然的,陷入无助、无奈、无望的状态,自我评价降低、产生抑郁情绪。"习得性无助"也会让人陷入一种丧的状态,放弃继续尝试的勇气和信心,无气力、无欲望、无关心,没有自信和积极性可言。

(二)如何摆脱"丧文化"的消极影响?

社会心理学家一致认为,态度是行为的决定因素,也是预测行为的最好途径。社会心理学研究向来也很关注态度问题的研究。如果我们意在改变行为,那么就着力于态度的改善。上面分析的形成"丧文化"的几种原因,也无疑跟人的态度相关。在社会心理学领域现有研究中,影响态度形成的因素概括起来有:需要的满足和情绪性体验、知识、家庭、群体参照、文化因素等。

因此,摆脱"丧文化"的消极影响,可以从改善影响态度形成的因素着手,明白"丧"的原理,正确认识自己,正确评价自己。

①明确树立自己的目标,并且制订行动计划,按照计划一步步行动,利用每一次机会让自己体验成就感,对待事情变得有自信和积极。

②知识影响人们态度的形成,也可以使已经形成的态度发生改变。不断地学习可以让知识持续得到扩充,不再局限在原有的思维和眼界

中。态度的改善能够改变对压力的认知、实用主义观念以及习得性无助的定势思维。

③家庭中，父母的教养方式往往对孩子看待事物的态度有着深刻的影响。个人的许多价值观念、行为习惯，都是在父母的影响下发展起来的。例如，实用主义观念的形成受父母价值观念影响较大，应客观审视总结，克服家庭负面观念对自己的影响。

④群体的行为方式往往对身处其中的个体影响较大，因此多融入价值观念积极向上的群体，有利于自身树立正确的价值观。有时候，别人嘴里说着"丧"，但行动上不一定就"丧"，暗地里不知道有多努力。但这些"丧"的言论却总是会影响那些行动不积极、意志不坚定的人，他们真会受这些言论的影响。

⑤文化作为人们社会化的大背景，深刻地影响人们态度的形成。中国传统文化中蕴含着深刻的人生哲理和智慧，深入接触中国传统文化，能帮助我们树立人生目标、化解自身压力、摒弃实用主义、摆脱"习得性无助"。

做到以上几点，就能慢慢摆脱"丧"的状态。归根结底，"丧"只是我们一部分青年人的一种宣泄方式和暂时的状态，只要我们坚定自己的信仰，努力按照自己的真实感受去生活，积极面对每一天、每一件事，摆脱无力感、恐惧感和麻木感，就可以活出自我，活出价值。

三、为什么别人总惹你生气？

生气是我们所有人都会有的情绪，但在生活中，有一些人生气的频率超出了正常范围，会因为一点小事就火冒三丈，一天到晚都在生气。这种频率和程度的生气，不仅影响自己的情绪和身体健康，还会破坏人际关系。因为，总生气的人，不容易和周围的人和睦相处，较难拥有良好的人际关系。这类人往往能认识到常生气不好，但无法控制自己，遇到事情还是会生气，并把这种现象归因于天生的性格使然。其实，性格归根到底就是思维方式和习惯。

总爱发脾气的人，有一个共同的特性，就是有着不合理观念和认知，对待很多事，都会将自己作为事情的中心去考虑。这类人将自我存在过分放大，要么认为周围的事物应该按照自己的设想安排和发展，或是过分以自身认知干涉外界。戴维·迈尔斯在《社会心理学》中谈到，个体的信念和期待在很大程度上影响着自身对事件的心理构造。

这种过分放大自我的认知有两种：第一种即以自我为中心；第二种是过分放大自我存在的表现，即试图去改变别人。

"情绪 ABC 理论"的创始者、美国心理学家阿尔伯特·埃利斯（Albert Ellis）认为：正是由于人们常有的一些不合理的信念才使我们产生情绪困扰。情绪 ABC 理论中：A 表示诱发性事件；B 表示个体针对此诱发性事件产生的一些信念，即对这件事的一些看法、解释；C 表示自己产生的情绪和行为的结果。

该理论同时告诉我们，不合理观念包含几个特点：观念的绝对化、以偏概全以及糟糕至极。观念中包含这几个特点必然不合理，其结果就是负面情绪甚至负面行为的发生。如果要避免总是生气，就要改变不合理认知。

错误认知的形成，基本上都是因为人们考虑问题的方式出了问题。社会心理学认为，人们思考问题的方式往往跟自身所处的情境有直接关系。

而好的情境也能帮助人们形成科学的思维方式，比如"孟母三迁"的故事就非常形象地告诉我们周围情境对人思维的影响。大学里面对新生进行军事训练，也是欲用军队的规矩进行纪律方面的培养和训练。事实上，在大学里，接受过军训的大学生，总体表现出来的纪律意识、团队意识及服务意识要优于没有经过军事训练的大学生。

因此，要让自己摆脱不合理认知，避免总是生气，我们就要注意周围情境对自己思维的影响，主动改变或者离开不利情境，或者通过解读环境给自己带来的负面影响因素，对自己的思维方式进行审视和矫正，改变信念和期待。多和比自己优秀的人交往，就不会再总是以自我为中心或者总想着去改变别人了。

四、人生太顺利一定是好事吗？

日常生活中，当我们祝福别人时，往往会说"祝你一切顺利""祝你万事如意"，这都是美好的祝愿，人们总少不了有这样的希冀。其实我们的人生不总是一帆风顺的。有些年轻人，在遭遇坎坷和逆境时，只会感到沮丧和痛苦，因此看不清这些坎坷和逆境对自己的意义。人一生中，尤其是早年，过得总是顺利和如意就一定是好事吗？

对此，中国传统文化的智慧给了我们很好的解答。老子曰："祸兮福所倚，福兮祸所伏。""塞翁失马"也正说明福祸相依的道理。社会心理学家戴维·迈尔斯的研究结论也如出一辙："有时候我们会认识到事情不会持续停留在某一个极好或极坏的点上。经验告诉我们，当所有事情都非常顺利时，一定会在什么方面出点问题。"

危机有时候潜伏在好事中，好事有时候紧随着危机而来。好事和坏事很多时候仅仅是一线之隔，往往能够迅速地相互转化。

太顺利会让自己对危机的来临不敏感，判断不清自己的处境。而在工作职位上，如果升职太顺利，往往容易自视甚高，恃才傲物，一被重用就开始忘乎所以，看不清自己。

因此，太一帆风顺的人生，越往后走，越可能遇到坎坷。这在社会心理学理论中叫作"回归效应"。对于顺境和逆境也应该这样看待：顺境不可能一直持续，顺境之后就会有逆境在等着；逆境也不可能一直持续，逆境挺过之后便是顺境，正如暴雨过后终见彩虹。这符合事物的辩证规律。

而我们熟知的成语"居安思危""物极必反""否极泰来"也无不说明了要辩证地看待我们所处的境遇。

古人云："功成而身退，为天之道；知进而不知退，为乾之亢。"意思是：成就了功业就抽身隐退，这是符合自然规律的。有些企业家，也会选择在事业高峰之时抽身而退，以避免即将到来的灾祸。

因此，人生太顺利不一定是好事，我们应该理性地看待生活给予我们的磨难和挫折。成功和顺利的时候戒骄戒躁，提醒自己保持清醒，认清形势，行事低调，谦虚谨慎；遭遇困难和挫折的时候乐观自信，将这种境遇看成是磨炼和提升自己的机会，因为迈过这个困难，就会守得云开见月明。

拓展阅读

2020年9月9日，钟南山院士荣获"共和国勋章"。其实钟老早在2003年就因为在抗击"非典"中功勋卓著而让人们知道了他，那一年他已经67岁。17年后，当新型冠状病毒来势凶猛、前期专家意见各异时，84岁的钟南山被委予重任，在赶赴武汉的火车上，他坐着睡着的照片传遍网络，耄耋之龄仍然承担如此重任让人动容。当他经过慎重调查研究发现这种病毒会传染、必须采取隔离措施后，党和政府高度重视，迅速出台了一系列果断措施，很快扼制了疫情的恶化传播。他也因此获得表彰。

参考文献

［1］戴维·迈尔斯. 社会心理学［M］. 8版. 北京：人民邮电出版社，2006.

［2］李原. 墨菲定律［M］. 北京：中国华侨出版社，2016.

［3］朱彤. 日常生活中的心理学［M］. 北京：金城出版社，2007.

［4］苏成荣. 日常行为心理解析［M］. 北京：中国纺织出版社，2019.

［5］李仪. 日常生活中的心理学［M］. 北京：中国纺织出版社，2018.

［6］李晓娟. 从"佛系青年"到"打工人"——社会心理学视角下青年群体"丧文化"分析［J］. 宁波开放大学学报，2021，20（2）：33－37.

［7］段水莲，黄洁菲."丧文化"现象批判与大学生积极心态构建［J］. 高校辅导员学刊，2021，12（13）：67－71.

第七讲

你幸福吗?——积极心理学

积极心理学于1998年由美国心理学会(APA)原主席马丁·塞利格曼提出,至今已有十数年的发展历程。自第二次世界大战以来,心理学主要致力于人类问题的解决和补救,大多数心理学家忽略了对正常人群的研究。

积极心理学假定人类的美好和卓越,与疾病、混乱和痛苦同样都是真实存在的。这种观点修正了心理学研究倾向的不平衡,并向深入人心的心理疾病模式发起挑战。积极心理学矫正了心理学的偏重一侧的不足,呼吁大众与研究者不仅要关注心理疾病,也要关注人的力量;不仅要修复病损,也要帮助人们构筑生命的美好;不仅要致力于治疗抑郁的创伤,也要帮助健康的人们实现人生的价值。

积极心理学是心理学领域的一场革命,也是人类社会发展史上的一个新的里程碑。作为一门从积极角度研究心理学的新兴科学,积极心理学以塞利格曼教授于2000年1月发表的论文《积极心理学导论》为形成标志。它采用科学的原则和方法来研究幸福,倡导心理学的积极取向,以研究人类的积极心理品质并最终关注人类的健康幸福与和谐发展。

积极心理学以科学的实证研究为基础，结合了人文关怀精神与科学实证的态度。自 20 世纪末在美国诞生以来，积极心理学经历了十数年的发展，整合、创新了以前散见于心理学各个分支中的相关研究，反过来又促进其他心理学分支对人类心理的发掘。现在，积极心理学已成为当代心理学新的研究方向。建构完善的积极心理学思想体系、发展积极心理学技术、促进人类生活质量提高，是摆放在积极心理学面前刻不容缓的任务。

一、积极心理学兴起

（一）积极心理学对传统主流心理学的突破

传统主流心理学有两个主要特征。第一个主要特征是以实证主义和逻辑实证主义为科学哲学基础。实证主义科学观信奉事物存在内在的、恒定不变的普遍规律，相信经验实证是人类了解现实世界普遍规律的唯一途径。尽管主流心理学中的行为主义心理学和认知心理学各有特点，但它们在有关经验实证的信念上保持高度一致，皆为典型的经验主义心理学。行为主义心理学希望借助强化来揭示刺激与行为间的联结规律，认知心理学则试图通过计算机模拟来解释人脑的信息加工过程的事实和规律，并以此来推演出一般的、抽象的和普遍的定理或结论。第二个主要特征是方法论上的还原论。传统心理学倾向于用相对简单的原理来解释复杂的心理现象或心理结构。

积极心理学的兴起是以研究人的积极力量和积极品质为突破口，但它的根本变化只在于心理学平衡观的变化，即用平衡的心理学取代倾斜的心理学，它在本质上并未超出传统主流心理学的两大特征。有人认为"积极心理学"的出现意味着传统主流心理学是一种消极心理学，因而这是一场心理学的革命，这种观念其实是一种误解。积极心理学只是对传统主流心理学的一种修正和完善，尽管它确实对传统主流心理学提出了异议与补充，关注到传统心理学长期忽视的积极情绪等方面。传统的心理学的重心基本上围绕着消极和病态的心理。20世纪以降，越来越多的心理学家认识到，消极心理学取向的研究模式忽略了人性中的积极因素，因而不可能真实、全面地理解与解释人的本质；心理学不应仅着眼于心理疾病的矫正，而且更应该研究与培养积极的品质。

与此同时，积极心理学也向消极心理学模式提出疑问与挑战。越来越多的心理研究发现：幸福、发展、快乐、满意等积极情绪是人类成就的主要动机；人类的积极品质是人类赖以生存与发展的核心要素；心理学需要研究人的光明面，需要研究人的优点与价值；发展人性的优点比修复疾病更有价值。

从某种意义上说，积极心理学是在消极心理学思想体系基础上发展起来的。在研究方法上积极心理学是对消极心理学的扬弃，它还将继承、借鉴那些已经成熟的分类标准、标准化测量工具、严密的实验设计技术、心理干预技术，并形成、发展积极心理学特有的研究技术、手段，以服务于积极心理学的研究目的。仅仅满足于传统心理学的现有客观方法是不够的，积极心理学要完成自己的使命，就必须超越传统方法论，在具体方法上有所突破和创新。除科学实证主义的方法论之外，积极心理学还注重采用解释学、现象学文化学及演绎推理哲学思辨等研究方法，采取更加灵活、更加宽容的态度来建构高效的积极心理学方法体系。

（二）积极心理学对人本主义的继承和发展

从20世纪五六十年代开始，一些心理学研究者开始探索和研究人的积极层面，此举极大地推动了积极心理学的发展。特别是马斯洛、罗杰斯等人倡导的人本主义思潮以及其所激发的人类潜能运动，对现代心理学的理论建构产生了深远影响，引起了心理学家对于心理活动积极一面的重视，为现代积极心理学的崛起奠定了理论基础。但是，在研究对象和内容、方法论以及治疗观上，积极心理学又对人本主义心理学有所扬弃。

1. 研究对象与研究内容

积极心理学反对大量研究人类消极情绪、心理疾病的诊断与治疗等，它和人本主义一样强调人性的优点和价值，探索人类的美德、爱、宽恕、感激、智慧、控制和乐观等，把研究的重点转向人性积极面。同时积极心理学继承了人本主义心理学的研究对象和内容，并且还有了更进一步的超越。人本主义心理学的研究较少关注主体的个性、价值和创造性所依赖的社会环境和历史背景因素，而积极心理学对外部因素展现出关切的姿态，拓展了人本主义心理学家长期关注的兴趣点，把那些难以量化、难以实证的研究对象与内容具体化，并进行实验或实证性的研究。

2. 研究方法

存在主义哲学是人本主义心理学基本观点的理论根源，后者以现象学为方法论基础，不主张用客观的方法研究表面化的东西。因此必然得到有说服力的科学材料的支持，这也导致人本主义心理学无法名副其实地成为一门"科学心理学"。而根植于前人研究基础上的积极心理学，没有拒绝实证主义的研究方法，在方法论上更加完善。塞利格曼的研究起点"习得性无助"及积极心理学研究内容之一"主观幸福感"便可加以佐证。对这些问题的研究不只是单纯地用科学实证或实验的量化方法，也不是单纯地用人本主义现象学或存在分析的方法，这体现出积极心理学的研究多元的特点。

3. 心理治疗理论与方法

人本主义的治疗目标是人格的成长。这种治疗目标可以说是积极心理治疗的理论渊源。积极心理治疗拓展了人本主义心理治疗的出发点与治疗目标，采取以解决冲突为中心，以现实能力为依据的治疗方法，可分为观察和保持距离阶段、调查阶段、鼓励阶段、语言表达阶段与扩大目标阶段。人本主义心理治疗强调患者自助的作用，具有非指导性。积极心理治疗是指导性的治疗，它采用了"自助—教育—心理治疗"三位一体的模式，不仅重视来访者的作用，同时也重视治疗师的能动性，使治疗双方能有更好的互动。

二、积极心理学的核心理念

积极心理学的研究目的是在探讨如何克服心理问题的同时，关注并帮助那些处于正常环境下的普通人以培养积极的心理品质，发挥个体的潜能，建立起高质量的生活。

两个多世纪前，幸福已经与生命、自由等观念相提并论，追求幸福对人类意义重大。积极心理学的提出，让我们又重归这个主题：关心人的优秀品质和美好心灵，以此来获得良好生活。这就是积极心理学研究的重要内容之所在。

积极心理学不仅关注普通人如何在良好的条件下更好地生活、发展，同时也研究具有天赋的人如何使其潜能得到充分地发挥。塞利格曼教授认为积极心理学是帮助人们发现并利用自身内在资源来提升个人素质和生活品质的重要力量。每个人的心灵深处都有一种自我实现的需要。这种需要会激发人内在的积极力量和优秀品质。人类的这些积极力量和优秀品质是人类赖以生存和发展的核心要素。积极心理学利用这些内在资源来帮助普通人以及有一定天赋的人最大限度地挖掘自己的潜力。

积极心理学具体研究了24项积极人格特质，采取科学严谨的态度，沿用传统主流心理学研究经常采用的方法，诸如量表、问卷、访谈和实验等，同时借鉴现象学和经验分析法等研究方法，以更好促进积极心理学的发展。在研究方法上，积极心理学采取了"拿来主义"——但凡对研究人的积极力量和良好品质有用，人文主义研究方法也好，实证主义研究方法也罢，甚至是哲学思辨的方法，积极心理学都可以接受与运用。

目前关于积极心理学的研究，主要涉及：主观幸福感、心理幸福感、快乐、乐观、士气、正性情感、负性情感、情绪平衡、兴高采烈等积极的情绪体验和积极的人格特征。同时，积极心理学对积极情绪与身体健康的关系也进行了探讨。

（一）积极的情绪体验

当前心理学研究的新热点主要有主观幸福感、快乐、爱等情绪。这些都是积极的情绪和体验。主观幸福感是指人们对其生活的看法和感受，即个体自己对于本身的快乐和生活质量等"幸福感"指标的感觉，并由此而产生的积极情感占优势的心理状态。其研究涉及范围很广，包括但不仅限于主观幸福感的本质、影响因素、心理机制、评估以及如何增进人们的幸福感水平等。最近几年已有上千篇文章涉及幸福感的研究，主要关注生活事件和人格因素对于主观幸福感的影响这一领域。同时，主观幸福感与金钱之间的关系也是研究重点。现有研究指出，金钱与主观幸福感之间的负相关关系并不源于金钱本身，而是由于社会财富文化氛围；而过去的研究者曾认为看重金钱会降低主观幸福感。幸福感的关键是一个人的价值观和目标如何在外部事件与生活质量之间进行协调，幸福与否不在于具体的事件，而在于人们对具体事件的不同阐释。

积极的情绪体验，包括主观幸福感和快乐体验等。研究者从实证的角度研究主观幸福感的本质、影响因素、心理机制、衡量指标以及如何增进人们的幸福感水平，取得了丰硕的成果，但不同社会文化、历史环境对不同积极情绪的定义是多元的、复杂的。积极心理学仍需要加大研究的深度、拓宽研究的广度。

积极的心理和情绪状态与保持生理健康关系密切。积极的情绪状态可以增加人的信心，使人相信结果会更好。感染艾滋病的人中，乐观者的病理症状出现更晚、存活率更高，更愿意主动接受治疗，在康复锻炼中表现得更好。而消极的人会使艾滋病症状更早出现。人们容易关注消极情绪对身体健康的负面影响，却忽略了积极情绪对健康的潜在影响。由于积极情绪和消极情绪呈负相关，他们认为用积极情绪代替消极情绪在预防上和治疗上会产生重大作用。除此之外，情感对生理和免疫系统的直接影响，包括但不仅限于促进人体免疫系统发展的直接效果，以及增强心理统摄、社会资源利用、健康行为促进的间接效果等。

（二）积极人格特征的塑造

塑造积极的人格特征，是积极心理学的基础。个体的人格优势会渗透至人的整个生活空间，产生长久的影响。这种研究的共同要素包括积极人格、自我决定论、自尊、自我组织、自我定向、适应、智慧、成熟的防御、创造性和才能。在积极的个性特征中，乐观（optimistic）最为人所重视。因为乐观的态度总是关注积极的一面。Peterson认为乐观主义包含认知的、情感的和动机的成分。但他承认复杂的心理问题难以脱离具体的社会文化背景。他提出以下几个问题：一个悲观主义的文化是如何影响其中社会成员的幸福感的，反之，一个乐观主义的文化是否会导致狭隘的实利主义。对未来不现实的乐观信念能使个体免于疾病，保持乐观的病人与面对现实的病人相比，症状出现得晚，活得也久。乐观主义积极的效果主要是在认知水平上进行调节。一个乐观的病人更可能以积极的态度接受治疗，并乐于获得他人的支持与安慰。而以往学者普遍的观点就是客观地看待自己的状况才是健康的，一种乐观而又不自欺欺人的积极态度，现实的乐观与现实并不相互抵触，因此原则上不会产生不现实的对于环境或事件的评价。这些对乐观的研究使人们的生活更有意义和丰富多彩。

塑造健康人格是积极心理学的重要内容。个体人格确立与社群文化、社会背景等息息相关，彼此之间具有极强的互动与联系。研究者不能孤立地考察个体的积极心理，而应综合考察社会、社区、组织、社会关系、文化和家庭背景对人的积极品质形成和发挥的影响。对于外在因素的深入挖掘，是深化积极心理学的必要内容。

三、积极心理学的挑战

任何新兴事物在产生初期都还不成熟，出现了一些问题，积极心理学同样也存在着自身的问题。

首先，不同的社会文化价值观念必然导致对情绪体验的不同理解，对心理学研究发起挑战。幸福感、快乐或幸福生活与价值观念常常彼此交织。但并不是所有的文化都将幸福、快乐作为其社会的首要目的。西方社会文化强调个体价值，相比之下，东方的社会文化更强调社会承认等价值观念。人们选择的生活方式与生活态度受到社会文化限制，那么，哪些东西是人们应该追求和重视的，是积极心理学研究面临的一个问题。

其次，积极心理学强调快乐、满意等情感，与成功的人会经历苦难的现实产生冲突。常言道"天将降大任于是人也，必先苦其心志，劳其筋骨，饿其体肤"，而一些研究也证明成功人士在奋斗中会经历种种磨砺苦难。这种看法是否有科学依据，消极情绪和积极情绪是否可以互相转换，这些问题尚待解决与探究。

最后，幸福、快乐不应被看作人生的终点，它们只是在对有意义活动的追求过程中的副产物。若仅将自我实现当作是一个终点、一个目标，那么便会造成阿喀琉斯追乌龟的悖论，让自我实现难以抵达。这个问题已涉及积极心理学存在的必要性，亟待积极心理学工作者给予回答。

积极心理学不应该局限于空洞的符号与抽象的意义。它应该研究人的优点和价值，关注正常人的心理机能，重视人性中的积极方面，使心理科学更加理解人性，并最终实施更有效、更积极的干预以促进个人、家庭与社会的良性发展。人的发展是发展的根本动力，离开了人的发展，发展就无以为继。只追求经济发展并不能满足人的全面发展，经济增长与物质财富之外，精神世界的富足对个体至关重要。积极心理学自始至终追求人文精神，追求人类的可持续发展，是通往人文关怀和终极关怀的必由之路。积极心理学并非冰冷的科学技术，而是具有人文关怀与科学严谨性的新型学科。

积极心理学必须和人类的社会生活实践相结合。首先，积极心理学需要关注人们的日常生活，立足于实践，建立起理解积极心理学和人、家庭、社会良性发展关系的基础。其次，我们应运用积极心理学的研究成果，对现实人性的发展进行科学设计和有效干预，将理论变成实践，激发个人的潜力和积极品质,探索通向美好生活的途径与方法。唯有如此,积极心理学才能达到其目的并始终充满创造性与积极性。除此以外,积极心理学在政治、经济、文化、教育、政策法规的制定乃至和谐社会的创建上也有重要建树。尽管前路漫漫,但积极心理学已经为我们开启了一条通往未来的康庄大道。

积极心理学是一种新的研究方向,是心理学的一种新的理论结构与补充,但要完善、建构、发展和应用积极心理学体系仍道阻且长。毕竟积极心理学目前正处于发展的阶段,方兴未艾,试图对它做出全面的评价为时过早。积极心理学的崛起,使得心理学家能够采取更加开放的研究视角,关注到人的巨大潜能与积极品质,为心理学乃至整个社会提供了研究人类生存发展问题的新角度。因此,积极心理学势必会对现代心理学产生重要影响,也必将推动心理学向前发展。

拓展阅读

24项积极人格品质练习

(1) 对美的欣赏。

去参观一座你并不熟悉的艺术馆或博物馆;

开始记录美丽日记,每天写下你所看到的最美丽的事物;

至少每天一次,停下来欣赏自然的美丽瞬间,比如日落、一束花等。

(2) 真实性。

避免跟朋友撒谎,无恶意的也不可以(包括虚假的赞扬);

当你向某人解释你的某种动机的时候,试着使用真诚的方式。

(3) 勇敢。

在团队里大胆说出不受欢迎的想法；

做一些你平常出于害怕不敢去做的事情。

(4) 创造性。

报名参加一个陶器制作、摄影、雕塑、绘画或喷绘学习班；

选择家里的某些物品，在它的典型用途之外寻找它可能存在的其他用途——最好不是把你的自行车当作你的晾衣架那么简单；

给你的朋友寄一张贺卡，上面写着你自己创造的诗句。

(5) 好奇心。

参加某个主题讲座，这个主题是你以前从来没有听说过的；

去一家餐馆吃饭，它的特色菜是你不熟悉的口味；

去探索发现一个对你来说全新的地方，试着学习有关它的历史。

(6) 公正。

至少每天一次，承认所犯下的错误并承担相应的责任；

至少每天一次，给予某个你并不太喜欢的人信任；

听完人们所讲的话，不要打岔。

(7) 宽恕。

每天驱除怨恨；

当你感觉要发火时，即使有理由去发火，也要把它隐藏起来，不要告诉别人你的感觉；

写一封宽恕信，不必要寄出去，但这一周的每一天都要读一遍。

(8) 感激。

每天记录你说出"谢谢"的次数，并试着在这一周内每天增加说"谢谢"的次数；

每天即将结束时，写下三件进行顺利的事情；

写一封感恩信并把它寄出去。

（9）希望。

想一下过去失落的地方，以及它可能带给你的机遇；

写下你下周、下个月以及下一年的目标，然后制订详细的计划去实现它们。

（10）幽默。

每天至少让一个人微笑或大笑；

学习一种小魔术，表演给你的朋友看；

自娱自乐。

（11）善良。

拜访某位正在住医院或住疗养院的人；

当驾驶时主动退让行人，当步行时主动避让车辆；

匿名地帮助你的一位朋友或家人。

（12）领导力。

为你的朋友组织一次社会聚会；

用自己的方式让新来的人感觉舒服和亲切。

（13）爱。

接受别人对你的称赞，不要推诿；简单地说声"谢谢"；

给你所爱的人写一张便条，把它放在每天都能看得到的位置；

跟你最好的朋友一起做他喜欢做的事情。

（14）热爱学习。

如果你是一名学生，阅读那些"推荐"的书目而不是那些"必须"的书目；

每天学习并使用一个新词汇；

阅读一本非小说类的文学作品。

（15）谦逊。

一整天，都不要谈论起你自己；

穿着打扮不要吸引别人的注意力；

想一件你的朋友做得比你好的事情，并就此向他表示称赞。

（16）开放的思想。

在谈话中，扮演唱反调的角色；

每天，想一些脑子中根深蒂固的观念，并试着想象一下你这种观点或许是错误的。

（17）坚持。

每天列出一张清单，写着你要做的事情，并按照这张清单去做；

连续工作几小时而不被打断，比如不去看电视、不接听电话、不收发电子邮件。

（18）洞察力。

想一个你认为最富有智慧的人，把自己想象成这个人去生活一天；

只在被询问时提供观点，尽量考虑周全。

（19）审慎。

除了说"请"或"谢谢"之外，说任何一句话之前先思考两遍；

吃甜点之前，问一下自己"为这个东西而发胖，值得吗？"

（20）虔诚。

每天，想一下你生活的目的；

在每天开始的时候，进行祷告或者冥想。

（21）自我调整。

开始一项训练计划，并且这一周的每一天都坚持进行；

当感觉即将失去耐性而发火时，请从0数到10，必要时重复多次。

（22）社会智力。

让别人感到舒服；

当有人惹恼你的时候，去理解他的动机，而不是伺机报复。

（23）团队合作。

尽力成为最好的组员；

每天花五分钟时间拾起走廊里的纸屑，将它们放入垃圾桶。

（24）热情。

至少这周的每一天，尽量早睡而不用闹钟催你起床，早上醒来后吃一顿有营养的早餐；

每天做点事情，因为你想做而不是你必须去做。

参考文献

[1] 彭凯平，闫伟. 活出心花怒放的人生［M］. 北京：中信出版社，2020.

[2] 克里斯托弗·彼得森. 积极心理学［M］. 侯玉波，徐红，等译. 北京：群言出版社，2010.

[3] 马丁·塞利格曼. 持续的幸福［M］. 赵昱鲲，译. 杭州：浙江人民出版社，2012.

[4] C.R. 斯奈德，沙恩·洛佩斯. 积极心理学：探索人类优势的科学与实践［M］. 王彦，译. 北京：人民邮电出版社，2013.

第八讲

我们如何帮助和疗愈自己？——心理咨询

一、什么是心理咨询？

中外学者对于心理咨询的定义各有各的说法。广义上的心理咨询指心理咨询师协助求助者解决心理问题的过程，即接受过专业训练的咨询师，针对受到各种问题困扰的来访者，通过面谈、建议和支持等方式，帮助来访者发现问题及解决线索，使问题向更好的方向发展的工作。

根据相关文献的记载，心理咨询源于 1896 年诞生的"临床心理学"。19 世纪末，美国心理学家莱特纳·威特默（Lightner Witmer）提出了临床心理学的概念，他对于心理测量使用的建议为后来咨询心理学的产生创造了肥沃的土壤。随着后来心理测量和个体差异的研究，咨询心理学紧跟着社会现实的需要蓬勃发展。

20 世纪初期，美国工业化发展引起城市人口剧增，促进了职业指导运动的兴起和发展。弗兰克·帕森斯（Frank Parsons）于 1909 年出版了《选择职业》一书，标志着心理咨询实践活动的开始。同时期的克利福德·惠廷厄姆·比尔斯（Clifford Whittingham Beers）发起精神卫生运动，倡导人们重视心理健康，一定程度上促进了心理健康咨询的发展。20世纪30年代，心理学家雷蒙德·卡特尔（Raymond Cattell）开展的个别差异和心理测验研究带动了心理咨询的发展，使职业指导、心理测量和社会教育逐渐联为一体。在这个时期，心理咨询的模式也从以心理测量为基础的指导性谈话的临床咨询模式转变为心理治疗的模式。随着第二次世界大战结束和经济萧条缓和，适应和就业成为主要问题，这使20世纪40年代成了"心理治疗的年代"。其中，人本主义心理学家卡尔·罗杰斯的《咨询与心理治疗》一书对心理咨询的发展产生了深远的影响。20世纪50年代前后，咨询心理学在质与量上又有迅猛进展。1951年，美国心理学会（APA）设立了心理咨询指导分会，并于1953年将其改名为咨询心理学会，同时规定了正式的心理咨询专家培养标准。这一"培养标准"后来成为教育训练委员会研究生院博士课程培养计划的认定标准。同年，美国心理学会伦理基准委员会公布了APA伦理纲领。1955年，美国心理学会开始正式颁发心理咨询专家执照。20世纪60—70年代，咨询心理学在美国已发展成为仅次于临床心理学的第二大分支学科。与此同时，世界各国的咨询心理学与心理咨询事业也先后蓬勃发展起来。

APA咨询心理学分会的定义委员会在1956年发表了题为"作为一个专业分支的咨询心理学"的报告书。这份报告书再次明确了咨询心理学工作的三个方面：一是通过关心人的动机、情绪的调节来促进个体内在精神世界的发展；二是通过发展个体必要的能力、动机，帮助个体与环境协调；三是正确地利用个人差异，充分考虑所有成员的发展，提升社会对心理咨询的理解。另外，该委员会强调心理咨询的目标，不仅要帮助那些连基本的、最低的适应状态都丧失的心理不适应者，还应该为促进构成某一特定社会集团的每个个体最大限度地自我实现提供支持。

改革开放后,我国的心理咨询已经发展成为一门具有较强科学性、实用性及明确执业准则的专业学科,越来越多的人在面临各种困境和问题时主动寻求心理帮助。2001 年,我国颁布了《心理咨询师国家职业标准》,对心理咨询师的职业定义为:"心理咨询师是运用心理学以及相关知识、遵循心理学原则,通过心理咨询的技术与方法,帮助求助者解除心理问题的专业人员。"心理咨询已成为职业化、有潜力、当今社会不可或缺的一门学科。饱受心理问题困扰的人,可以通过专业的心理咨询师提供的帮助,重新找到更好的自己。

二、心理咨询工作的范畴

2018 年 4 月 27 日第十三届全国人民代表大会常务委员会第二次会议修正《中华人民共和国精神卫生法》,阐明了"医务人员开展疾病诊疗服务,应当按照诊断标准和治疗规范的要求,对就诊者进行心理健康指导;发现就诊者可能患有精神障碍的,应当建议其到符合本法规定的医疗机构就诊""医疗机构及其医务人员应当遵循精神障碍诊断标准和治疗规范,制定治疗方案""心理咨询人员应当提高业务素质,遵守执业规范,为社会公众提供专业化的心理咨询服务。心理咨询人员不得从事心理治疗或者精神障碍的诊断、治疗"。也就是说,法律中明确界定了心理治疗和心理咨询的工作范畴。

心理咨询服务的对象是非常多元化的,主要分为三大类:一是精神正常,但是遇到了与心理有关的现实问题并请求帮助的人;二是精神正常,但心理健康水平较低,产生心理障碍导致无法正常学习、生活、工作并请求帮助的人;三是特殊对象,临床治愈或潜伏期的精神病患者。从可能危及生命安全的自杀、犯罪到人生规划、发展,心理咨询既涵盖长程咨询的多因素心理健康问题，也涵盖短程咨询的生活发展、适应性问题。

精神正常的人群在现实生活中都会面对个人成长这个大课题，在不同的成长阶段会面对许多问题，例如面对亲子关系、学业、升学、就业、生涯发展、两性关系等问题。心理咨询师可以从心理学的角度给他们提供专业的帮助，让他们做出理想的选择，顺利度过人生的各个阶段。这就是常说的发展性咨询。

精神正常但是心理健康水平较低的一些人，长时间处于困扰中，或者因遭受心理创伤心理失衡，内心冲突强烈，会出现不同程度的心理障碍。心理咨询师可以提供相关专业的帮助，以调整其心理状况，让其积极应对。这类咨询，叫作心理健康咨询。

经过临床治愈或处于潜伏期的精神病患者，心理活动已经基本恢复正常。心理咨询师可以介入和干预，帮助他们恢复社会功能，预防疾病的复发。这种情况也属于心理健康咨询，但是一定要做好鉴别诊断，必要时要与精神科医生做好协同工作，及时转介。

综上，心理咨询的任务就是帮助精神正常的人群在生活中应对各种心理问题，克服轻度心理障碍，纠正不合理的认知模式和非逻辑思维，让人们学会正确地认识自我，理解他人，面对和应对现实，提高适应能力，构建健康生活方式，重塑自我，从而健康、幸福、快乐地生活、学习、工作。

三、心理咨询的理论和技术

心理咨询的理论和技术流派众多，杰尔索和弗瑞茨（Gelso & Fredz）曾经将这些理论大致分为三大理论群：（1）精神分析理论群——弗洛伊德的正统派理论与叛离派理论；（2）学习理论群——行为主义取向等；（3）人本主义理论群——来访者中心疗法取向与存在主义取向。

（一）精神分析理论和技术

精神分析理论由弗洛伊德创立，其中的核心概念就是意识和无意识观点、人格结构观点、心理动力观点、发展观点和适应观点。弗洛伊德的一生都在不断地发展和完善自己的理论。

弗洛伊德提出了本我、自我和超我的人格结构观点，认为人的心理活动分为无意识和意识，强调人类心理的大部分功能都处于意识的领域之外。所以精神分析的核心就是帮助人们意识到自己的无意识动机，通过觉察去进行更合适的选择。

心理动力学是精神分析理论的核心内容。"力比多"，也就是个体保存（营养本能）和种族延续（性本能）是能量之源，同时促进着心理发展。弗洛伊德通过临床观察分析，倾向于认为人的一切心理活动可以从本我、自我和超我三者之间的人格动力关系中得到阐明。

弗洛伊德发展观点其实是对心理动力的动态阐述，是心理动力观点的延伸，因此也被称为性心理发展阶段论。弗洛伊德认为本我中的本能欲望在个体发展的不同阶段，总要通过身体的不同部位或者区域得到满足。他将人格发展分为五个阶段。埃里克森在弗洛伊德观点的基础上，通过增加心理社会化的因素拓宽了"发展"这个概念的内涵，将人格发展从婴儿期到成年晚期分为八个阶段。也就是说，精神分析理论重要的一个贡献就是定义了人从出生到成人期的性心理和社会心理的发展阶段。

个体在营养本能和性本能的驱动下，感应和应对外界环境的不断变化。在每个发展阶段都可能会存在一些危机或者转折点，由此也可能引起一些核心的冲突。比如说，适应观点其实就是自我防御机制的一种体现。其中，当发生冲突时，就会引发焦虑，进而唤醒自我警惕，觉察已经存在的一些危险。每个人采取的自我防御机制取决于个体的发展水平和焦虑程度。使用得当的自我防御机制可以免除人们内心的痛苦以适应现实。自我防御机制有两个共同特征：一是一般不是扭曲现实就是否定现实，二是一般在无意识的水平上运作。

在使用精神分析理论进行心理咨询时，咨询师采用的精神分析技术旨在提高个体的意识，帮助个体了解自己的行为以及症状背后的含义。治疗的过程通过来访者的宣泄、自我情绪的表达以及对来访者无意识层面内容的处理而不断向前推进。咨询师会在理性和情绪方面理解来访者，以对来访者进行再教育为目标，并希望以此促进来访者人格上的改变。精神分析疗法常用的技术有：自由联想、释梦、解释、对阻抗的分析、对移情的分析。这些技术中很多都是一些支持性的干预策略，例如鼓励、表达共情与支持、提供建议和自我暴露。

自由联想技术是一项非常重要的技术，主要是鼓励来访者讲出任何浮现在大脑中的想法和感受，无论这些内容是多么痛苦、可笑、无聊、不合逻辑或风马牛不相及。这项技术常会引起来访者对过去经历的回忆，有时候可能是被阻塞的强烈感受的宣泄。咨询师会把关注点持续放在这些想法和感受上进行工作。通过聚焦这些感受，咨询师引导来访者觉察无意识层面的愿望、幻想、冲突以及动机，发展来访者对潜在动力学的洞察能力。咨询师在引导来访者进行自由联想时，倾听到的除了表面内容，还有更深层的含义。这种对无意识语言的觉察被称作"用第三只耳朵听"。咨询师不会只提取来访者所述内容的表面价值，还会觉察和挖掘内容背后的意思。比如，口误会被认为是来访者表达的情感中可

能还伴随着另外一种冲突的情感。

人们在梦中会把无意识中的希望、需求和恐惧表达出来。梦境一般有隐性内容和显性内容两个层面。隐性内容包含那些隐藏的、象征性的以及无意识的动机、愿望及恐惧。梦过程就是人们把那些隐性的、觉得痛苦和具威胁性的内容转换成更易令人接受的显性内容。显性内容向威胁更小的表现内容转化的过程叫作"梦的翻译"。释梦技术就是咨询师通过研究梦境中显性内容中的各种象征，而将显性内容中那些伪装后的含义挖掘出来，帮助来访者将那些被自己压抑的无意识内容释放出来。咨询师可以在释梦过程中让来访者对梦的某些表现内容进行自由联想，借此去揭示潜在内容，帮助来访者开启被隔绝于意识之外的压抑内容，并与目前的问题相联系。梦也许是通往压抑内容的途径，也可能是理解来访者目前状况的启示。

解释技术就是咨询师指出、说明，甚至教导来访者理解其梦境背后的含义，帮助来访者自我消化、吸收这些素材并促进无意识深层内容的显现。在当代定义中，解释包括确定、澄清和翻译来访者的材料。解释必须基于对来访者人格及对其目前问题有影响的过去因素的评估，应该是在来访者准备好后进行，而且时机也很重要。来访者大多会抵制不合时宜的解释。解释一般要遵循三个原则：一是解释应当选在要解释的现象接近意识层面时进行。也就是说，咨询师解释的内容来访者虽然还无法觉察到，但是他们可以接纳和整合。二是解释要先从表面开始，再到来访者可接受的深度。三是最好先指出来访者阻抗的部分，再去解释隐藏于背后的情感或冲突。

很多来访者无法觉察自己深埋内心的无意识，因为他们内心的防御机制阻碍其去表达内心深处的思维和感受。精神分析的重点是通过一系列方法将无意识层面的内容剖露出来并加以处理。精神分析比较关注儿时的一些经历，通过对其进行讨论、重构、解释和分析，探索、影响甚至改变个体的性格。

（二）行为主义理论和技术

20世纪初期，一些心理学家认为当时的心理学对于心理现象的解释多是主观推测，试图使心理学与其他自然科学一样，把可观察、可测量的行为作为研究对象。这个学派被称为行为主义心理学派。行为主义心理学的先驱，当属巴甫洛夫和桑代克。

巴甫洛夫利用条件反射的方法对人和动物的高级神经活动做了许多推测，发现了人和动物学习的最基本的机制。巴甫洛夫认为"所有的学习都是练习的形成，而练习的形成就是思想、思维、知识"，学习就是形成条件反射。桑代克使用观察记录老鼠走迷宫的方法，研究行为的学习过程，并提出了著名的"尝试—错误定律"，从此开创了使用心理学的实验方法和量化手段来研究动物行为学习的先河。之后，行为主义学者华生建立了"刺激—反应模式"，即 $R=f(s)$ 模式。托尔曼则提出中间变量的概念，认为行为并不仅仅是由环境刺激所决定。随后新行为主义心理学家斯金纳则建立了"操作性条件反射"，即 $R=f(S,A)$ 模式。他认为心理学应当研究刺激与反应之间一种可观察到的相互关系，对反射进行操作分析。新行为主义心理学家班杜拉以学习理论为基础，进一步提出人自身的能动作用，强调人与社会环境的相互作用，提出了新的"社会学习理论"。所以行为主义理论主要包括四个领域的发展：经典条件反射、操作性条件反射、社会学习理论以及后面蓬勃发展的认知行为疗法。

行为主义理论支撑的心理咨询的独到之处在于强调个体与环境之间的交互作用，严格地遵守科学方法的原则，清晰地陈述其概念和方法，并在实证的基础上对概念和方法进行持续的改进。整个咨询与评估是相辅相成且同时进行的过程。行为主义心理咨询十分重视经过实证研究和经验证实的治疗技术，而且咨询效果十分容易评估，因为咨询师会不断地从来访者那里获得相关的反馈。常用的行为主义训练有很多：放松训练、系统脱敏法、暴露疗法、眼动脱敏和再加工法、社会技能训练、自我调整法以及自我导向行为等。

放松训练就是来访者在安静的环境里经咨询师的指导，学会深度和规律的呼吸，不断地进行肌肉紧张和放松练习。放松训练可以帮助人们更好地应对生活中的焦虑或压力事件。此外，放松训练还对哮喘、头疼、高血压、失眠、肠易激综合征以及恐慌发作等问题具有不错的干预效果。

系统脱敏疗法是基于经典条件反射的一种方法，源于沃尔帕的电击猫实验，主要是让一个原可以引起微弱焦虑的刺激，在求助者面前重复暴露，同时求助者以全身放松予以对抗，从而使这一刺激逐渐失去引起焦虑的作用。咨询师一般会帮助来访者学习放松的技巧，然后帮助来访者把引起焦虑的事件或情景由弱到强建立一个焦虑等级表，然后循序渐进地进行脱敏训练。

暴露疗法，也叫满灌疗法，一般是在谨慎控制的条件下，将来访者引入到那些引发恐惧或其他消极情绪的情景中，然后再处理这些消极情绪反应。比如，针对一些有飞行恐惧、乘车恐惧、乘电梯恐惧以及对特定动物有恐惧性反应的人群，暴露疗法可以很有成效地进行一些疗愈。暴露疗法是一种极具潜力的行为治疗方法，特别是对与焦虑相关的障碍尤为适用，并且具有持久的效果。

果断训练基于社会学习的理论，整合了很多社会技能训练的方法，可以教会人们如何在一系列的社会情境中表现出果断性来。现实生活中很多人存在一些消极挫败信念以及错误的思维，认为表现自己的行为是一种不恰当、不对的行为。这类人时常会在家庭、工作、学习以及休闲时遇到人际关系上的问题。果断训练的基本假设是，人有权利（但不是义务）表达自身。咨询师会向来访者教授并示范其希望获得的良好行为，来访者会在治疗情景中学习这些行为，然后在其日常生活中加以实践。人们可以通过实践练习提高自身的行为选择，以便决定自己是否需要在特定的情景中表现出果断行为。

认知行为疗法（cognitive behavior therapy，CBT）是一种吸收了认知理论的行为心理咨询技术，主要是通过改变思维和行为的方法来改变不良认知，达到消除不良情绪和行为的短程的心理治疗方法。在实际的工作过程中，咨询师通过提问和自我审查，让来访者能够关注到自身的消极情绪和不良行为，并让来访者体验和反省自己对于这些情绪和行为的看法，然后通过建议、演示来检验来访者表层的错误观念，进一步纠正其核心错误观念，改变其认知。其中梅肯鲍姆（D. Meichenbaum）的认知行为矫正技术采用的就是自我指导训练、压力免疫训练来进行。认知行为疗法工作的核心都是主动的、指导性的、有时限的，以当前为定向的、聚焦问题的、协作的、结构化的、实证的，非常注重家庭作业的作用，并且强调对问题及其发生的情景要进行清楚地识别。

（三）人本主义理论和技术

人本主义理论于20世纪50—60年代在美国兴起，70—80年代迅速发展，它既反对行为主义把人等同于动物，只研究人的行为，不理解人的内在本性，又批评弗洛伊德只研究神经症和精神病人，不考察正常人的心理，因而人本主义被称为心理学的第三种运动。人本主义学派强调人的尊严、价值、创造力和自我实现，把人的本性的自我实现归结为潜能的发挥，而潜能是一种类似本能的性质。其主要代表人物之一马斯洛提出人的需要是分层次发展的，人在满足高一层次的需要之前，必须先部分满足低一层次的需要。马斯洛认为人类共有真、善、美、正义、欢乐等内在本性，具有共同的价值观和道德标准，达到人的自我实现关键在于改善人的"自知"或自我意识，使人认识到自我的内在潜能或价值，人本主义心理学的核心就在于促进人的自我实现。该学派的另一代表人物罗杰斯在心理治疗实践和心理学理论研究中发展出人格的"自我理论"，并提出了"患者中心疗法"的心理治疗方法。人类有一种天生的"自我实现"的动机，即一个人发展、扩充和成熟的趋力，它是一个人最大限度地实现自身各种潜能的趋向。罗杰斯指出，心理治疗是一种潜在的、有竞争力的个体身上已存在的能力的释放。求助者在和谐的咨询关系中、咨询师的无条件积极关注以及共情理解中很有可能释放自身已存在的能力。

以人本主义理论为依托的来访者中心的心理咨询所使用或关注的并不是常规意义上的技术，而是咨询师的态度及应答，主要就是真诚、无条件积极关注、同理心等。这些技术现在已经成为心理咨询领域的基本技术。

真诚就是咨询师要表里如一，言行一致，值得信赖。咨询师只有在来访者面前不造作、不虚假，真诚表达自己当下的情感、反应、态度和思想，才能营造和谐融洽的咨访关系，来访者才可能信任咨询师，愿意在咨询师面前袒露真实的自我，促进自我的探索和成长。由此可见，真诚不仅可以从根本上改善咨访关系，还可以达到促进治疗的作用。咨询师如果想要做到真诚，就必须采取非防御的态度，从自己的专业角色中解放出来，去进行自发性的交流，前后言行还应保持一致性，并在恰当的时候做一些恰当的自我暴露。

无条件积极关注是指咨询师对来访者能够不加任何评价判断，全面、积极地接纳，相信来访者有自我导向和做出改变的能力。在罗杰斯看来，咨询师正是因为相信来访者有自我成长和指导的能力，所以才能做到尊重和帮助来访者。不管来访者的情感是混乱、恐惧还是愤怒、蔑视，咨询师都需要做到乐于去接受，表现出无条件的积极关注。研究表明，咨询过程中无条件积极关注的态度越多，治疗就越容易成功。反之，来访者的积极变化可能就越少。

同理心是指咨询师能够深入了解并设身处地体会来访者的内心世界。咨询师应该耐心倾听和理解来访者当时的心境，帮助其宣泄情绪、表露内心冲突，让其既认识到自身问题所在，又能积极行动。同理心不是同情心。咨询师要想具有正确的同理心，就要放弃自己的主观标准，站在来访者的位置去体验和感受，但不进行评判，这样才能更好地体会到来访者难以觉察的意义。

此外，无条件地接纳、情感反应技术、澄清、非指导性、参与性概述等也都能让咨询师更好地帮助来访者觉察到自己人性中有建设性、健康的一面，鼓励来访者进行改变，走在不断自我实现的路上。

四、青年期心理发展

心理发展是指个体心理随着年龄的增长，在相应环境的作用下，整个反应活动不断地得到改造，日趋完善化和复杂化的过程，是一种体现在个体内部的连续而又稳定的心理变化。我国心理学家朱智贤认为："心理的个体发展，是指人的个体从出生到成熟到衰老的过程中心理发生发展的历史。"

不同心理学流派对于心理学实质的理解不同，从不同角度提出了心理发展年龄阶段的划分。其中,被大家广泛接受的是以人格特征为标准划分年龄阶段,也就是埃里克·埃里克森提出的心理社会发展阶段理论。

在埃里克森的心理社会发展阶段理论中,心理发展一般分为以下八个阶段:婴儿前期(0~1岁),儿童期(2~3岁),幼儿期(3~6岁),童年期(6~12岁),青少年期(12~18岁),青年期(18~25岁),成年期(25~65岁),老年期(65岁以上)。

(一)青年期心理发展的理论基础

1. 佩里的大学生认知发展理论

佩里在皮亚杰认知结构理论的基础上,对大学生的认知发展进行了实证研究,他通过对哈佛大学学生发展的开放式研究,最终形成了自己关于大学生认知发展的理论。由于大学生的年龄段一般都在18~22岁,正处于青年期,所以他的理论对于认识青年群体的认知发展也具有非常重要的指导意义。

佩里的理论与皮亚杰的认知发展理论有所不同,侧重于青年学生如何从普遍的二元性思维向相对主义思维的转变,以及在相对主义的世界里如何发展承诺。他将青年学生认知发展划分为以下三个水平和九个阶段。

水平一是二元性思维模式,分为三个阶段。这个水平的青年学生看待问题的方式是二元论的,即对与错、黑与白、好与坏等,不确定性是不被接受的。水平二是相对主义思维模式,分为三个阶段。在这种水平上绝对的对与错的观点被改变,知识是不确定的,而且只有在某种特定的环境中才是有效的。水平三则是承诺,分为三个阶段。承诺是一个涉及个体道德发展的过程,是一个由低水平向高水平发展的过程。

佩里通过研究发现，青年学生的认知，从阶段一到阶段九的发展并不是必然的，在发展过程中通常会出现以下三种情况：一是要顺应时势。认知发展并不是直线式的，在发展过程中会出现暂时的停止。二是退却。青年学生的认知发展可能出现倒退，由高级阶段退却到早期阶段。三是逃避。逃避有两种方式：一种是用消极的方式对待责任；一种是将自己封闭起来，但这种逃避不会长久地持续下去，学生会寻求用不同的方法获得新的发展。

在佩里的青年学生认知发展理论中，青年学生处于由二元性思维模式向相对主义思维模式转变时期，青年学生身边的引路人特别是教师应该做好自己的角色转变，而且要重视青年学生的参与和体验，创造民主的学习环境，鼓励多样化和个性化的发展。

2. 埃里克森的青年期人格的发展理论

埃里克森是美国精神病学家，著名的发展心理学和精神分析学家，他提出了青年人格的发展理论。青年期的心理社会任务主要是建立自我同一性和防止同一性的混乱。

埃里克森认为，时间对个人在学习、社交和角色试验中是至关重要的。有了时间，自我才能获得心理上的整合，才能避免过早地进入社会，不至于造成同一性的提前终结，这就是心理社会的合法延缓期。埃里克森认为，社会的文明程度越高，为青年提供的这种时间就越长。这时青年似乎处于一种时间上的暂停状态，他们可以利用这段时间将内心发生的两极应力兼收并蓄，两相权衡，决定取舍，再加以整合。这具体体现在青年为适应未来生活所做的对积极统一性的努力追求，确定自己的社会角色，在社会结构中找到适合的位置等方面。当个体不能积极地完成青年期的心理社会任务时，就会形成消极统一性。

根据埃里克森的理论，自我在人格发展中具有重要作用。在培养青年学生健康人格中，一方面必须重视青年学生的自我意识，另一方面要引导青年学生树立正确的世界观、人生观、价值观。此外，青年期需培养亲密感，防止孤独感，注重情感发展对人格的影响，发展社会认知，促进相互交往，消除疑惧心理，从而培养良好的情感。

（二）青年期心理发展特征

青年期是继青春期后心理发展的关键时期，处于这个阶段的人群，心理发展主要有如下特征。

第一，逻辑思维能力显著提高。相较于青少年，青年人思维的独立性、创造性、敏锐性、批判性、广阔性和深刻性进一步发展，能够比较全面地认识和分析不同事物，抓住事物发展的某些规律，具有创新思想，敢于标新立异。

第二，生理和心理快速发展。青年期是个体生理和心理迅速发展的时期，也是个体心理迅速走向成熟而又尚未完全成熟的一个过渡期。在一定程度上可以说，这一阶段是个体生命的黄金阶段。

第三，想象力明显增强。随着知识的积累和视野的开阔，青年群体的想象力在再造想象的基础上更具主动创造性，想象的结果可以达到一定的深度和广度。

第四，记忆力达到高峰。在这个年龄阶段，大脑皮质所形成的暂时联系稳步增强，记忆存储量增大，理解记忆能力不断增强。

五、青年期心理问题的产生

研究发现，在青年期心理发展的过程中，主要表现出以下几个方面的矛盾。

第一，自主性与依赖性共存。

社会地位的变化带来的"成人感"，使得青年期学生在时间和空间上都获得了较大的独立行动的自由，并且要求自己尽快摆脱依赖性，得到和成人一样的尊重和理解。但由于习惯心理的作用，尤其是在经济上还需要依靠家庭，在学习上还缺乏自学能力，在思想上还比较单纯，社会阅历和经验还不够，因而往往志大才疏，眼高手低，渴望得到具体帮助。这种依赖性最具体的表现就是等待心理：等待老师的关心和指导，等待同学的友谊之手，等待父母的经济支持，等等。

第二，理想性与现实性的矛盾。

青年期学生对自己的未来充满了信心和希望，但由于他们对现实生活缺乏深刻的体验，因而他们的理想常常带有幻想乃至空想的色彩。特别是刚刚迈进大学校园的学生，对所学专业、生活环境、人际关系等都有一个重新认识的过程，在认识过程中就会产生理想性与现实性的矛盾。

第三，交往性与闭锁性的矛盾。

随着年龄的增长，青年期学生逐渐开始发现自我、认识自我。但他们对自己内心世界的认识还处在模糊不清、很难把握其实质的阶段。他们把一些事情看得很"神秘"，羞于对人启齿，而把自己的心灵之门关闭起来，常常莫名其妙地陷入孤独寂寞的心境之中。然而，青年人又有着与人交往的强烈需要，不仅需要有亲密交往的知己，也需要加入一个团体以满足心理上的归属感。这些显示了青年期交往性与闭锁性的矛盾和冲突。

第四，情绪性与理智性的矛盾。

人的活动是一种知、情、意、行的过程。青年期学生精力充沛，风华正茂，浑身有使不完的劲。一遇适当情境，他们会热情奔放、勇往直前；一遇困难和挫折，他们就兴致皆无，情绪一落千丈。他们很容易表现出情感变化的两极性，一会儿情绪主宰一切，难以驾驭，一会儿理智又使他们摇头叹息，从而形成了处理问题时情绪与理智之间的矛盾。

第五，异性间吸引与隔离的冲突。

异性间的吸引是青年期正常而又自然的心理现象。有的青年学生受习惯心理的影响，对男女交往过分敏感，导致正常的异性交往不能自然进行，甚至相互隔离。

总之，青年期是"心理断乳"的关键期。"心理断乳"意味着离开父母及家庭的监护，摆脱对成人的依赖，成为独立的个体，建立属于自己的内心世界。在这一过程中，众多的矛盾冲突交织在一起，如果处理不当，就有可能产生心理问题。

六、青年期常见心理问题及自我调适

（一）心理适应

【案例】

来访者A：我每天独来独往，过着教室—宿舍—食堂三点一线的生活，没有知己，没有朋友，只有孤独。看到别人三五成群，谈笑风生，我真羡慕。我觉得自己是这个世界的弃儿，存在与否对他人而言没有任何意义。每当夜晚独对黑暗时，我感到自己的心灵因为这种孤独而痛苦。多么渴望走出这种孤独啊，让我的心灵得到他人的滋润……

来访者B：我对于未来没有了方向，因此自己也就没有了动力的来源。周围同学们的家庭条件非常好，只有我出身贫寒。他们总是议论以后找工作看重的是背景。对此我感到非常的迷惑，因为我不知道我这样一个只能靠成绩的普通学生怎样才能看到未来,我觉得我的未来一片渺茫,毫无希望可言。我在班上的成绩也并不优异,这样一来,我根本不能适应以后的生活状态,因此我不愿意与人交流,也从来不参加社团活动,总是觉得自己跟他们格格不入。越是这样,我感觉我的性格也越来越内向了,言谈举止也显得非常扭捏,越是人多的场合就越是想逃避,生怕自己的言行举止在同学们的眼里是一种"不和谐"的表现。我真的不会与大家相处了,我很苦恼,以至于经常失眠,大脑在白天也是昏昏沉沉的,上课竟然也开始分心了……

1. 问题产生原因分析

(1) 生活环境不适导致压力过大。

(2) 理想与现实差异导致失望迷惘。

(3) 自我地位改变导致评价失调。

(4) 学习方法不适导致困惑迷茫。

(5) 人际关系适应不良导致孤独压抑。

2. 自我调适的方法

(1) 正视现实,提高自立和自理能力。

(2) 合理规划目标。

(3) 学习与人沟通,建立良好的人际关系。

(4) 正确调控自我(建立理性的认知方式,适应角色要求,有效控制情绪)。

(5) 积极行动。

(6) 学会正确使用心理自卫机制。

（二）人际交往

【案例】

来访者A：我性格冲动，从小经常与人发生争执，虽然从小比较聪明，学习成绩一直不错，可是如何与人交往、怎样处理人际关系却让我伤透了脑筋。父母和老师经常规劝我，我也知道自己的脾气太过冲动，特别是上了大学后，与班上同学相处很不融洽，跟同宿舍的同学也有过几次不小的冲突，关系相当紧张。其实，我知道自己是有些不足，脾气也不好，我每次遇到事情时都不会说出来跟人家理论，就想用拳头解决问题，但是，我从来都没有伤害其他人的意思。比如，我从小在农村长大，家里人都很节约，来了学校以后，我也很节约用水和用电，但是我们宿舍的同学却没有这个意识，他们经常不关灯就出门。我又不知道怎么跟他们说，说了好像显得自己很小气一样。后来，宿舍的电费超了很多，每个人要分摊电费，我觉得自己根本没有义务去交多余的电费，就说我不交，宿舍的同学就说我小气，我不知道怎么的，一下子就火了。我感觉现在的人际关系已经影响到了我的学习，我对自己的性格和冲动的脾气很不满意，希望通过心理咨询得到改善，让自己的人际关系朝好的方向发展。

来访者B：我和同寝室的同学有矛盾，彼此见到对方都比较怵。我见到他很不爽，觉得他特"小人"，他经常说些污言秽语，主动挑起事端，又仗着自己有点口才，跟别人玩"心理战"，一副"小人"的模样。而且他自己家又不是特别富，还瞧不起别人，找到别人的弱点就打击，自己买了什么衣服就炫耀不停。我看不惯他，曾经因一些事情和他发生过两次冲突，差点打起来。现在见到他也很少说话。大一、大二的时候我还让着他，维护表面上的和谐关系，但现在我觉得相处是两个人的事情，一个人是无法解决的。比如，现在我更积极地投入学习、生活中，他却一副不爽的样子，什么事情都想跟我较劲。当然，我也不服输，小事情上一般很少和他发生矛盾，但他执意和我对着干，我会考虑以刚克刚。我说话虽有些偏激，但说的绝对是自己真实的看法。请问这样的人际关系问题我该怎么面对？

1. 问题产生原因分析

（1）以自我为中心。在与别人交往时，"我"字优先，只顾及自己的需要和利益，强调自己的感受，而不考虑别人。在与他人相处时，不顾场合，不考虑别人的情绪，自己高兴时就高谈阔论，眉飞色舞，手舞足蹈；不高兴时就郁郁寡欢，乱发脾气，不尊重他人，漠视他人的处境和利益。

（2）自我封闭。有的同学不愿意让别人了解自己，总喜欢把自己的想法、情感和需要掩盖起来，往往持一种孤傲处世的态度，只注重自己的内心体验，在心理上人为地建立屏障，故意把自我封闭起来。有的同学虽然愿意与他人交往，但由于性格原因无法让别人了解自己，内向孤僻，形成了一种自我封闭的状态，喜欢一个人独来独往，不喜欢与他人接触，很难融入集体。

（3）功利心重。每个人在交往过程中都有目的、想法，但过多地考虑交往中的个人愿望、利益，就很容易陷入功利主义状态。这类人在交往过程中利益至上，靠吃吃喝喝建立感情，以实现个人目的；或者唯利是图，大利多交，小利少交，无利不交，冷落不能给自己"实惠"的人，滥交乱捧能给自己"实惠"的人。

（4）猜疑嫉妒。猜疑心理在交往中一般表现为以一种假想目标为出发点进行封闭性思考，对人缺乏信任，胡乱猜忌。猜疑是人际关系和谐的"蛀虫"。嫉妒主要表现为对他人的成绩、进步不予承认,甚至贬低;对自己取得的成绩,获得的荣誉沾沾自喜。嫉妒的人往往会焦虑不安,对他人过分提防,害怕他人赶上自己。如果自己不能够很好地调整心态,发展到极端就会产生同归于尽的心理。

(5)困惑迷茫。这是很多处于青年期学生的真实写照。熟悉了周围的环境,认识了身边的同学,才发现校园生活并不是自己想象的那么简单,人的想法也不再像高中那样单纯了。人们说校园就是个小社会,每天少不了待人接物,大学校园汇集着来自五湖四海的同学,他们的风俗习惯、观点看法难免不一样,在生活上总是存在摩擦,这让很多同学对人际关系处理感到困惑迷茫。

2. 自我调适的方法

(1)克服社会知觉中的偏差。知人者智,自知者明,能否正确认识和了解他人,同样关系到人际交往能否顺利进行。要走出对他人认知的心理误区,就要注意克服以下几种人际交往中的心理效应:晕轮效应、首因效应、近因效应、刻板效应、投射效应。

晕轮效应(halo effect),又称"光环效应",是指人们对一个人的某种特征形成好的或坏的印象后,会倾向于据此推论判断该人其他方面的品质的现象。这种现象就像光环一样,向周围弥漫、扩散,从而掩盖了个人的其他品质或特点,所以也被形象地称为光环效应。不难发现,在日常生活中晕轮效应不但常表现在以貌取人方面,而且常表现在以穿着认定他人的地位、性格,以初次言谈判定一个人的才能与品德等方面。在对不太熟悉的人进行评价时,这种效应体现得尤其明显。

首因效应(primacy effect),也叫优先效应,是指人们在与他人交往过程中,最先接收到的信息比后续信息对形成印象影响更大的现象。在人际交往中,给他人留下的第一印象最鲜明、最深刻,可能会影响他人之后对个人行为的看法和对人稳定内在特质的归因。因此，人们常说的"管理好自己的形象""给人留下一个好印象"，就是首因效应在发挥着作用。

近因效应（recency effect），也叫新颖效应。与首因效应不同，近因效应是指个人与他人交往过程中，最近接收到的信息对形成印象影响更大的现象。即交往过程中，人们对他人最近、最新的认识占了主体地位，掩盖了以往形成的对他人的评价。比如，面试中最后一个回答的失误可能会让应聘者前功尽弃。

刻板效应（stereotype effect），又叫刻板印象，是指对某人或某一类人产生的一种比较固定的、笼统的、类化的看法。人们习惯性地对某一类人进行机械、简单的归类或评价。人们不仅会对接触过的人产生刻板印象，还会根据一些间接材料对未接触过的人产生刻板印象，比如，认为"商人都比较精明，北方人比较豪爽"。

投射效应（projection effect）是指人在认知和对他人形成印象时，以为他人具备与自己相似的特性的现象，把自己的感情、意志、特性投射到他人身上并强加于人的一种认知障碍。比如，一个心地善良的人往往会认为别人都是善良的，一个经常算计的人常会觉得别人在算计自己，一个敏感多疑的人往往会认为别人不怀好意等。投射效应使人们倾向于按照自己是什么样的人来感知他人，而不是按照他人的真实情况进行感知。

（2）学会与他人有效沟通。

（3）培养主动真诚交往的态度。

（4）建立健康的人际交往模式。

（5）塑造良好的个人形象，提升个人魅力。

（三）情绪情感

【案例】

来访者A：我觉得自己最大的问题在于不太会管理自己的情绪。在家时，我总觉得母亲太过唠叨，整天对自己问东问西，有些关心过头，有时觉得不耐烦我会对母亲发脾气，事后又很后悔，但不太好意思去道歉。在大学里，因为是第一次住校，总觉得不适合集体生活。有时宿舍同学一起出去玩，我总感觉自己游离在这个整体之外；有时同学不经意间说的一句话，我的心里会想很多；有时和室友意见不合，会发些小脾气。所以，我总觉得自己的脾气不太好，不大会管理自己的情绪。

来访者B：我从小到大都在重点学校就读，各门成绩均名列前茅，一直担任班干部，从不用家长和老师操心。因为物理成绩优异，曾经获得全国物理竞赛二等奖，于是报考了物理专业。本来对于自己的物理高考成绩感到很自豪，没想到进入大学的第一次期中考试，我有一门专业基础课没及格，而很多高考成绩不如我的同学都考得比我好。从那以后，我就一蹶不振，对集体活动不闻不问，特别害怕学物理，一见到与物理有关的东西就头脑空空，思路不清。班级人际关系紧张，我看不起高考成绩比自己差的同学，又觉得他们都不关心我，瞧不起我。晚上经常睡不着觉，还常做噩梦。最近总是提防同学，怕被他们看出我有很多题目不会做，也不敢问老师，上课期间强迫自己集中注意力，但效果不好。我一回到宿舍就想睡觉，但又担心自己一放松就更加赶不上同学了，所以，会强迫自己坚持学习，但学习效果很差，渐渐地很多功课都不能应付了。只要一遇到自己不懂的问题我就开始发抖、冒汗，全身肌肉也变得僵硬，难以放松。

第八讲 我们如何帮助和疗愈自己？——心理咨询

1. 问题产生原因分析

（1）自卑。自卑是个人觉得低人一等的惭愧、羞怯、畏缩甚至灰心的复杂情绪体验。由于学习环境、生活环境的改变，部分青年学生由高中时期的"佼佼者"变成大学校园中的"普通一员"，这种"地位"的改变是造成部分青年学生自卑的重要原因。还有一些青年学生由于家庭条件差或自身某些不足而产生自卑心理，如有的青年学生认为自己相貌平平，有的青年学生感到无论是言行举止还是交往能力都不如别人，有的青年学生认为自己的智商不如他人。

（2）焦虑。焦虑是个人对生活中可能造成心理冲突或者挫折的某种事物和情境进行反应时的一种不愉快的情绪体验。当个人对即将发生的某种事件或情境感到担忧和不安，又无法采取有效的措施加以预防和解决时便会产生焦虑情绪，如考试焦虑、人际焦虑、就业焦虑、健康焦虑等。

（3）抑郁。抑郁是个人感到无法面对外界压力时产生的消极情绪体验。抑郁情绪产生的原因通常有三方面：一是无法面对生活中的挫折引起心境的改变，如不喜欢所学专业、感到前途渺茫、人际关系处理不当、失恋等，产生无助、失望、悲伤等内心体验；二是自尊心受伤害，动摇了对自身能力和品格的自信心，产生了较强的自卑感，总感到不如人；三是某些性格特点，如依赖、被动性强，不开朗、胆小怕事，多思虑和易趋向悲观厌世等，多被视为抑郁产生的温床。

（4）孤独。孤独是人的社交动机和乐群行为得不到满足时产生的内心情绪体验。孤独感人人都可能产生，但是青年学生相比其他年龄阶段的人来说对孤独的体验尤其敏感，有时他们会感到谁都不理解自己，自己是孤单一人，很大程度上是"心理断乳"的结果。孤独感也可能由内向性格所致，生性羞怯或自卑自闭的青年学生，由于自惭形秽总觉得低人一等，不敢社交，他们喜欢独处，宁肯忍受心理上的孤单也不愿意去结交朋友。

（5）嫉妒。嫉妒是一个人在个人欲望得不到满足的情况下，对造成这种现象的对象所产生的一种不服气、不愉快、自惭、怨恨的情绪体验。嫉妒是自尊心的一种异常表现，在青年学生中普遍存在。其产生的原因大致包括几点：青年学生强烈的个人欲望、攀比心理、虚荣心、刚愎自用的个性特点等。比如，当看到他人学识、能力、品行、荣誉甚至穿着打扮超过自己时内心产生不平、痛苦、愤怒等感觉；当别人身陷不幸或处于困境时则幸灾乐祸，甚至落井下石，在人后恶语中伤、诽谤；对他人的长处、成绩心怀不满，报以嫉妒；看到别人冒尖、出头不甘心，总希望别人落后于自己；没有竞争的勇气，往往采取挖苦、讥讽、打击甚至采取不当手段给他人造成危害。

2. 自我调适的方法

（1）认知调节法。

意识是战胜不良情绪的重要力量。当大学生被不良情绪所困扰而精神不振时，如果意识到了自己的精神状态不对劲，要勇于摆脱不良情绪的困扰，鼓励自己振作精神，恢复乐观、积极的态度，就可以恢复平静、欢快的心境。大学生在遭受挫折、打击和身陷逆境时，最容易被不良情绪困扰，因此，需要唤起自己的信心，鼓舞自己的斗志，排除不良干扰。

认知调节法就是针对上述情况，用正常的思维消除不良情绪盲目增长的自我调节方法。它一般有以下三个步骤。

第一步，承认不良情绪的存在。有的大学生明明已经被不良情绪困扰，但还是不承认。比如，因为别人超过了自己而嫉妒；因丢失了东西而无端猜忌别人；为吃了一点小亏而怨恨别人；当其他人在好言相劝时，反而矢口否认自己产生了不良情绪，无法进行排解。

第二步，当承认自己存在某种不良情绪之后，还要分析引起这种情绪的原因，弄清楚自己为什么苦恼、愤怒和恐惧。如果是由于刺激情境的概化、扩散和象征作用而引起不良情绪，那么通过澄清刺激情境的真实面目，就可以自然将其解除。

所谓刺激情境的概化作用，是指由某一刺激引起某种情绪反应后，与该刺激相类似的刺激也有引起该情绪反应的效应。最典型的莫过于"一朝被蛇咬，十年怕井绳"。

所谓刺激情境的扩散作用，是指引起情绪反应的刺激情境中的一部分，可能引起全部的情绪反应。如有一位大学生曾经被警犬咬伤，后来，他不但害怕狗，就连看到警察也害怕起来。这就是恐惧反应由真正具有危险的刺激——警犬，扩散到警察身上。

所谓刺激情境的象征作用，是指某种象征刺激情境的事物，也具有引起情绪反应的作用。如有的大学生一见到医院的标志，就联想到自己过世的亲人，从而引发内心忧伤的心情。

由于概化、扩散和象征作用，环境刺激中引起情绪反应的刺激物大大增加，产生不良情绪的机会也多了很多。而认真分析起来，真正让人生气、烦恼的事物并非那么多。因此，理智地分析产生不良情绪的原因，可以使得许多不良情绪得以消解。

第三步，对具有真实原因的不良情绪，寻求适当的解决途径和方法。如果是由于缺乏认真沟通而造成朋友之间的隔阂，进而产生不被理解的苦恼，那就应该主动、诚恳地与他人交流，让别人理解自己的立场、思想和行为。消除了彼此间的隔阂，人的内心也就会恢复平静。

(2) 转移注意法。

转移注意法是把注意力从引起不良情绪反应的刺激情境上，转移到其他事物上去。转移注意力，不仅能防止不良情绪的蔓延，而且能够增进积极的情绪体验。根据巴甫洛夫的条件反射学说，人在发愁、发怒的时候，其大脑皮层上会出现一个强烈的兴奋中心，这时，如果另找一些新颖的刺激，引起新的兴奋中心形成，便可以抵消或冲淡原来的兴奋中心。如苦闷、烦恼时，去听听音乐、看看喜剧；初次登台演讲，心情紧张，就把注意力集中到讲话的内容上去；登上高楼或山顶，往下看时心里会发慌，这时就将视线投向远方。一旦出现烦恼情绪的征兆时，便鼓励自己多做一些有意义的事情，尽量把时间表安排得满一些、紧凑一些。

经验证明，用以转移的刺激情境，与原来的刺激情境差异越大，个人心情转化的可能性也就越大，不良情绪的消除也就越快。因此，在转移注意力时，应该选择那些在时间、空间和性质上与原来刺激情境差距较大的事物。

（3）释放升华法。

释放法是指借助其他活动把紧张情绪所累积的能量释放出去，使紧张情绪得到松弛、缓和的一种调节方法。不论是过分高兴，还是过分悲伤，都不适合完全藏在心底，而应当适度地释放出来。升华法是指把某些情形化为行动的力量。如爱情失意，便把精力集中到学习和工作上，从学习、工作的成功中求得补偿，保持心理的平衡。同样，失去了一个朋友，就要寻找新的朋友，填补心灵的空白和创伤。

（4）心理暗示法。

心理暗示法是指运用言语或非言语形式对内心情绪进行鼓励、安慰、提示的一种自我调节方法。言语具有非常强大的能量和感染力。运用言语给自己一些鼓励，是非常好的心理暗示法。比如，考试时进入考场之前，暗示自己："不要紧张，相信自己，今天可以考好的！"动笔作答之前，暗示自己："别忙，再把题目仔细看一遍，不要误解了题意。"考试过程中遇到难题，暗示自己："不要慌乱，着急会妨碍自己冷静的思维，再想想。"心理暗示还可以通过不出声的内部言语来进行，或者通过自言自语，甚至在无人处大声对自己呼喊的方式来加强效果，还可以将提示语写在日记本、练习簿的扉页上，贴在墙上、床头等处，这样也可以时常提醒自己、鞭策自己。

（四）应激与危机

● 失恋

【案例】

来访者：我虽然性格外向，一般情况下挺通情达理的，不过最近一件事情对我打击很大。我高中时就与班上的同学谈恋爱了，尽管恋爱期间吵吵闹闹，但是关系一直很稳定。上大学后我俩身处异地，初期每天都有联系，我也没发现什么异常。不过我最近发现男朋友对我越来越冷淡，甚至电话也不接了。后来我侧面打听到他与我初中的另一同学谈恋爱了。刚知道的时候我都快要崩溃了，现在我也不知道该怎么办。

1. 问题产生原因分析

（1）迫于家庭和社会舆论的压力。恋爱双方缺乏勇气和信心，慑于社会的偏见和父母的威严，只能痛苦地分手。

（2）恋爱的其中一方变心，见异思迁，移情别恋。

（3）双方在交往中彼此思想、性格和情感的分歧导致分手。

（4）自身的缺点过多，又不加以克制，令对方一次次失望，最终导致分手。

（5）恋爱的盲目性或者恋爱动机不纯，热恋期一过就分手。

2. 自我调适的方法

（1）冷静、理智地分析失恋的原因。以客观的态度全面地看待双方之间的差距，敢于正视和接受中断恋爱的事实。这是摆脱失恋痛苦的第一步。

（2）及时主动地疏导和调节自己的不良情绪反应。在接受终止恋爱事实的基础上，以适当的方式来宣泄内心的痛苦和郁闷。例如，找亲朋好友诉说内心的烦恼和不快；外出旅游，向大自然寻找慰藉；通过积极参加文体活动、与朋友共度假日等方式来转移自己的注意力；把精力投入学习和工作中去，寻求事业上的精神寄托；必要时，应该求助于心理咨询机构的帮助和指导。

（3）坚决抑制和纠正极端的消极心理倾向和行为。即使自己心灵的创伤再大，也应该理智地分手，绝不做违背道德和触犯法律的事情。同时，也绝不自暴自弃，为了眼前的痛苦而荒废学业、断送前程。要努力做到"失恋不失德、失恋不失志"。否则，不仅不能解除痛苦，反而会引起更大的不幸。

（4）以积极的人生态度战胜挫折，开启新的生活。爱情的失败是人生中的挫折，但它并非人生的全部，人生旅途中，还有更值得追求的生活和事业。

● 竞选失利

【案例】

来访者：我这个学期上大二，正是学生会公开竞选学生会主席的时候。我觉得自己的组织管理能力不错，又会处理人际关系，还是学生会文娱部长，于是，充满信心地报名参选。在竞选演讲前，我特意请教了一位曾经演讲获奖的老乡，请他帮忙纠正发音，讲解演讲的技巧，总之花了很大力气。可是，事与愿违，我在第一轮的面试中就落选了，自己精心准备的演讲稿根本没机会派上用场。我想过会失败，不过起码是在最后一轮的演讲环节中落选，绝对没想过在第一关就没通过。我难以接受，尤其是面对支持我的同班同学，我真的是无颜以对。我找不到失败的原因，很苦恼，现在觉得做什么都提不起兴趣，觉得没意思。

1. 问题产生原因分析

（1）过高估计自己的能力，没有横向去比较自己的竞争对手，把参选想得太容易了。

（2）对第一轮面试的重视程度不够，把大力气花到了演讲竞选纲要的准备上。

（3）过于轻敌，没有脚踏实地去做好每个环节的准备。

（4）急于求成，求胜心切，稍稍有点小失误就很紧张，不能正常发挥自己的水平。

2. 自我调适的方法

（1）冷静分析，找出原因。竞选失利后应该进行冷静分析，从客观、主观，目标、环境、条件等方面找出受挫的原因，为以后再次接受挑战做好准备。

（2）善于从失败中正确认识前进的目标，并在前进中及时调整自己的目标。如果发现这次的竞选暴露了自己的一些短处，那么就应该以此作为奋斗的目标，去弥补自己的不足。如果在竞选过程中发现目标不切实际，则须及时调整目标，以便继续前进。

（3）善于化压力为动力。其实，适当的刺激和压力能够有效地调动机体的积极因素。对待失败和挫折，要有一个辩证的、乐观的和自信的态度。我们要悦纳自己，要能容忍挫折，学会自我宽慰、心怀坦荡、积

极乐观、发愤图强，满怀信心去争取成功。

● 求职失败

【案例】

来访者：我是一名大四的学生，学习成绩一直名列年级前茅，性格开朗活泼，善于交流沟通。最近我在一次外资跨国企业的求职面试中失败了，整天变得昏昏沉沉，连思考最简单的问题也感到困难，十分烦恼；我的睡眠质量也越来越差。我本来认为自己应该能面试成功，但是在实际的面试中犯了一些低级错误。现在，我总是认为自己什么都做不好，甚至不敢去做。我害怕再次失败，也不敢到另外的公司去面试。眼看毕业的日子越来越近，我的心里非常着急，不知道该怎么办。

1. 问题产生原因分析

（1）理想自我与社会现实之间的矛盾。大学生毕竟没有太多的社会经验，想问题一般过于简单和美好，往往割裂了自我实现与社会现实之间的关系，忽视了自我批判，他们只想到如何去实现理想，而缺乏必要的理性思考。

（2）挫折承受能力不佳。大学生求职过程中的挫折本来难以避免，有的可能经过几次挫折才能取得成功。但是，有的大学生心理承受能力差，对于求职过程中所遇到的挫折，不是及时总结经验教训，而是一蹶不振、垂头丧气，陷入失望、焦虑、苦闷中。

（3）社会适应状态不佳。近年来，社会上存在对大学生的一种偏见，认为大学生社会适应性不佳，比如：进入工作角色慢、动手能力不足、协调关系能力差等。其中虽存在着对大学生的误解，但也一针见血地指出了大学生在社会适应方面的不足。这样的情况导致一些大学生很难接受,对其求职失败后的心理冲击较大。

2. 自我调适的方法

(1) 认知调整。来访者可对照自己的情况,参照下述方法调整应对过程中自己产生的一些不合理的认知或想法。

①把"我应该如此"的说法换成"我喜欢如此"。否则就只看到事情的消极部分。

②把"没有办法"换成"可能很难,但是……"。这样就可以改变不自觉的自卑心理,避免给自己贴上标签。

③把"总是"换成"有时候"。否则,不必要的类推使得有过一次不顺心的经历就认为会祸不单行而永远如此。

④把"所有的"换成"某些"。否则,会用放大镜看待自己的缺点,同时又缩小了对自己力量的估计。

⑤把"确实如此"换成"好像如此"。不准确的自我评价会使得部分人在碰到挫折时会想"这是运气差",而不是认为"我犯了一个错误",这种开脱是荒谬的。

⑥把"我不好"换成"我这次没有表现好"。

⑦把"必须永远如此"换成"到目前为止"。这样可以减少肯定一切或否定一切的心态,从而避免把事物看成非黑即白,总是对自己失去信心。

(2) 学会与他人倾诉。适当倾诉可以通过语言的诉说将失控感转化出去,从而得到抚慰或支持。

(3) 接纳现实,审视自己的优势和不足。

(4) 确立新的目标。目标确立的过程也是将消极心理转向理智思考的过程。人在分析、思考的过程中,萌生出调节和支配自己新行动的信念和意志力。

参考文献

[1] 张国镛. 高等教育心理学［M］. 重庆：重庆出版社，2011.

[2] 郭英，张雳. 高等教育心理学［M］. 北京：高等教育出版社，2014.

[3] 松原达哉. 咨询心理学［M］. 张天舒，译. 北京：机械工业出版社，2015.

[4] 中国就业培训技术指导中心，中国心理卫生协会. 心理咨询师（基础知识）［M］. 北京：民族出版社，2012.

[5] Gerald Corey. 心理咨询与治疗的理论及实践［M］. 谭晨，译. 北京：中国轻工业出版社，2010.

[6] 杨雪梅，朱建军. 大学生心理咨询与治疗案例解析［M］. 北京：中央编译出版社，2011.

第九讲

音乐可以疗愈我们的心灵吗？——音乐心理治疗

2008年突发的汶川大地震，不仅给灾区人民带来不可估量的经济损失，也造成巨大的心理创伤，其中既有对地震本身的恐慌，也有与亲人天人永隔的悲伤。如何帮助震区民众缓解焦虑、抑郁、悲伤的情绪是当时需要解决的难题。诸多心理救援队迅速成立并奔赴地震灾区。其中，有一支心理救援小分队带着萨克斯、长笛、吉他等乐器来到了临时安置在绵阳长虹培训中心的北川中学。在这里，他们用音乐打开孩子们受伤的心扉，伴随着悠扬的音乐，孩子们的笑声逐渐增加（图9-1）。

图 9-1 首都师范大学音乐团队在北川中学开展音乐疗愈

音乐，用这样特殊的方式走进这群孩子的生活，抚慰着他们的心灵。你是否会好奇为什么音乐会有这样奇特的功效？让我们一起走近音乐治疗。

一、音乐治疗的生理学机制

音乐是人脑对声音进行组织之后产生的听觉意象，是用来表达人们的思想感情与社会现实生活的一种艺术形式，也是最能及时打动人的艺术形式之一。在《礼记·乐记》中有这样的记载："凡音之起，由人心生也。人心之动，物使之然也。感于物而动，故形于声。"[①] 音乐与我们的生活联系在一起的时间远比我们想象得更久远。

进入现代，国内外大量的研究都已经证实：不同的音乐可以使我们的身体产生不同的生理反应。

音乐可以刺激肌肉活动，从而影响人体的行为节奏。例如，我们在渔场常会听到渔民拉网时喊的号子，作为一种简单的音乐形式，号子能激发机体的力量，减少肌肉的疲劳。在我们的生活中，音速过快、音量过大的音乐会刺激神经，当然对于喜欢舒缓音乐的朋友来说，这种节奏强、音量大的"蹦迪"音乐会让人感到焦躁，甚至产生痛苦。聆听或是哼唱舒缓的音乐，会给我们的身体带来诸如血压降低、呼吸及心跳趋缓等变化，帮助我们的身体逐步回到内稳态，从而缓解我们的焦虑情绪。

长期处于高度紧张或是焦虑的状态会影响到我们的身体健康，例如高度紧张状态极易引发心脏病、高血压等心脑血管疾病，胃溃疡、十二指肠溃疡等消化系统疾病，以及神经性的偏头痛、皮炎等，当然还有许

---

① 礼记 [M]. 胡平生，张萌，译注. 北京：中华书局，2017.

多人关注的脱发问题。① 在临床上，目前有医生使用平稳、柔和的音乐辅助冠心病、哮喘患者的药物治疗，相比单纯用药治疗，综合治疗会使血压再下降 10~20mmHg。针对脱发问题，日本的医药公司曾推出一款可以治疗脱发的莫扎特音乐激光唱片。唱片发出的 α 音波可以促进我们的脑部血液循环，消除疲劳，缓解神经紧张，防止头发脱落。②

除了这些功能，音乐也常用于给分娩的产妇缓解疼痛。由于人的大脑皮层中听觉中枢与痛觉中枢相邻，当音乐刺激我们大脑中的听觉中枢并使之兴奋后，痛觉中枢就被抑制，我们的疼痛感就随之降低了。与此同时，受到音乐刺激，血液中的 β－内啡肽含量增加，我们对疼痛的感觉再次降低，这与针灸镇痛的原理殊途同归。在我国的中医治疗中，音乐与针灸相结合，在欣赏音乐的同时施针于相应穴位，其镇痛效用极为显著，临床上用于治疗关节病、痛风等疾病的收效良好。

除此之外，有学者在研究中发现，音乐可以促使人体内的免疫球蛋白 A 的含量明显增高。这种免疫球蛋白常存在于人的唾液中，我们都知道，唾液是人体抵抗细菌侵害的第一道防线。

二、音乐对心理的积极作用

人类最早享受的音乐是来自自然界的声音：潺潺溪水、空山鸟鸣，还有淅淅沥沥的雨声等。后来，人类又随着生产、生活的发展，创造了多种多样的音乐。

音乐对人的心理的影响是多方面的，无论是人的社会化功能的发挥

---

① 高天. 音乐治疗导论 [M]. 北京：世界图书出版社，2008.
② 王旭东. 让音乐带给您健康——奇妙的音乐疗法 [M]. 湖南：湖南科学技术出版社，2016.

还是自身的情绪管理，抑或是审美力培养、智力开发，音乐都可以发挥积极的作用。

（一）促进人的社会化功能的发挥

常见的音乐活动，如民乐队、弦乐队、交响乐队的演奏，音乐舞台剧，周五晚上的校园舞会、合唱比赛，运动场上的大合唱，公园里的鼓圈活动等，本身就是一种社交活动。表演者在参加音乐活动的时候也是在使用音乐语言进行交流，这让音乐成为一种社交工具。与此同时，在音乐表演的过程中表演者可以宣泄心中的情感，也会在音乐的伴和下与同伴进行情感的交流，从而寻求同伴的共情、理解和支持，引起在场的人们的情感共鸣。同时，通过音乐活动可以提升表演者的"曝光率"，以帮助表演者增强表演自信，促进表演者的心理健康。

参与音乐活动需要参与者全身心地投入，这可以训练参与者的专注力。专注力的训练对于有一些精神疾病的患者是非常有益的，可以帮助他们的大脑保持有序的逻辑状态。通过音乐的有序表演来学习行为的自我控制，这是一个寓教于乐的训练活动。

（二）管理与调节情绪

美国著名心理学家阿诺德（M. Arnoid）在情绪认知理论中提道：如果一个人的情绪出现了问题，他的头脑中就一定会存在某些不合理观念。如果这种不合理观念得到纠正，情绪问题也就随之解决。[①] 当我们心情愉悦的时候，我们看到的人和事往往都是积极的、向上的。当我们情绪低落的时候，我们看到的人和事往往都是消极的、糟糕的。情绪改变着我们的认知。

---

① 刘霏. 以"乐"为药——探秘音乐治疗的神奇功效[J]. 首都医药，2008（11）：44—46.

第九讲 音乐可以疗愈我们的心灵吗？——音乐心理治疗

音乐对人的情绪的影响是非常巨大的。你是否也有这样一些时候？烦躁的时候，喜欢用一首重金属音乐帮助自己快速发泄情绪；忧伤的时候，听一首忧伤的音乐，然后放声大哭；高兴的时候，跟着一首舞曲翩翩起舞。总有音乐和你心意相通，用音乐的语言说出你想说的话。音乐是我们心声的表露，也是我们情感的外泄，这就是所谓的"乐者，意也"。音乐通过声波传播的方式带来无限的张力和延伸性。

在第二次世界大战期间，战争中受伤的伤员除了身体上的病痛外，居住环境也十分恶劣，导致受伤士兵手术后的感染率和死亡率居高不下。战争、受伤、死亡导致伤员的情绪抑郁低落。考虑到战士们背井离乡，来到战斗一线，为调节伤员们的低落情绪，美国一所野战医院的医生使用随行携带的留声机播放起美国乡村音乐。令人意想不到的事情发生了，很多士兵的情绪很快稳定了下来，手术后病人的感染率和死亡率也大大降低。医护人员和科研人员针对这一现象进行了大量的实验研究。研究表明，音乐可以直接作用于下丘脑和边缘系统等人脑主管情绪的中枢，能对人的情绪进行双向的调节。同时，由于下丘脑和边缘系统以及脑干网状结构与自主神经系统密切相连，因此音乐也可以成为人体内脏器官和内分泌腺体活动的控制者。利用这些特性，目前音乐也作为一种辅助治疗载体进入医疗治疗领域。

（三）提高审美能力

世界著名教育家苏霍姆林斯基曾说：学校教育过程的素养，在许多方面取决于学校生活由于音乐的精神而充实到什么程度。借助于音乐，唤醒了人身上关于周围世界和自身中崇高的、雄伟的、美好的东西的观念。[1]

---

[1] 蔡汀，王义高，祖晶. 苏霍姆林斯基选集［M］. 北京：教育科学出版社，2001.

音乐可以随着我们内心世界的发展以更加直接、更加贴近我们内心感受的方式来进行表达，我们在赏析音乐的过程中可以体会到它表达出的奔逸洒脱、自由解放，这正切合了心理学中本我所追求的快乐解放的原则。因此，音乐可以激发出人类内心深处本我的力量。无论什么音乐，都可以体现出生命中所携带的"美"。在音乐活动中，我们可以充分发挥自己的想象力，进行积极的形象思维活动，赋予音乐情意进而产生联想，让自己的情感和音乐作品发生共鸣。这样我们既可以得到精神上美的熏陶，也可以寓美于心灵之中，让音乐所体现的人类文明陶冶自己的情操，培养自己的道德品质。

那么，懂得欣赏音乐的"美"与我们的生活和健康又有什么关系呢？《荀子·致仕》中曾有"美意延年"之说。不仅如此，我们会发现，懂得欣赏音乐之美的人，其情绪往往也会受到"美"的影响，在修身养性的过程中可以更多地保持心境的愉悦，懂得欣赏生活中的美好。

（四）帮助智力开发和人格培养

1993年，美国加州大学的神经生物学家研究发现，聆听莫扎特的《D大调双钢琴奏鸣曲》的人，在空间推理和记忆任务上表现得更好，学习并演奏该乐曲的人，智商提高效果加倍。在对加州大学的36名心理学专业学生进行了测试后发现，学生的智商测试成绩普遍提高了8~9分。这被称为神奇的"莫扎特效应"。当然，莫扎特的音乐是否真的有增强智力的神奇效果，在科学界也是众说纷纭。诸多科学家发现，具有重复性和平缓特点的莫扎特的音乐会才会产生"莫扎特效应"。除此以外，有研究者把音乐应用到癫痫病治疗中，发现参加实验的癫痫病患者脑部的典型癫痫病活动症状大多都得到了控制。①

可能有不少人有过这样的感受，伴着音乐，自己的记忆力和学习效率都会有不同程度的提高。这是为什么呢？从生理上看，我们大脑的额叶部分与记忆过程关系最为密切，而音乐的刺激可以使这些部位的乙酰胆碱类神经递质和去甲肾上腺素分泌增加，激活大脑双侧额叶，因此对我们的中枢神经系统产生广泛影响。

心理学的研究显示，音乐也可以影响人格和情感的培养。音乐伴随着我们成长，饱含着对人的情感的表达，影响人格的塑造。当然，音乐还会对我们的潜意识产生影响，它指引着我们情感的变化，从而影响我们的理性思考和价值观。

三、音乐治疗的历史

系统性地用音乐进行治疗的时间比较短暂，但是在人类的发展史中，其实早有将音乐用于治疗的事例。

在史前文明时期，人类部族内就有巫师采用唱跳结合的方式为族人治病驱魔，这时的巫师在一定意义上充当着音乐治疗师的角色。

随着文明的发展，音乐以药物的方式走进人的生活。在公元前5000年左右的古埃及，音乐治疗作为医学活动的重要组成部分而存在，而负责音乐治疗的治疗师也在古埃及社会中享有特权。在古巴比伦，疾病被列入宗教范畴之内，生病的人被认为是触犯了上帝而受到惩罚，因此治病是以宗教典礼的方式进行，音乐也成为治疗典礼上不可或缺的部

---

① 梁拓，李炳琦，汤壮，等. 音乐对脑的正性影响与机制 [J]. 现代生物医学进展，2011（23）：4565-4568.

分。在古希腊，人们赋予音乐更多的角色，古希腊人认为人类的思想、情绪以及身体健康都会受到音乐带来的特殊力量的引导。柏拉图将音乐比作心灵的药物，而柏拉图的学生亚里士多德认为音乐有宣泄情绪的价值。

进入文艺复兴时期，音乐作为一种可以娱乐和焕发精神的手段被医生使用。1890年，奥地利医生利希滕塔尔（Lichtenthal）发表了"音乐医生"的观点。音乐的治疗作用正式得到了人们的关注

在我国的医疗史上，古人很早就注意到了五音与人体五脏的关系（图9-2）。"一曲终了，病退人安。"早在《黄帝内经》中就有过这样的记载。医者运用阴阳五行学说把五音（宫、商、角、徵、羽）与人体五脏（脾、肺、肝、心、肾）和五志（思、忧、怒、喜、恐）有机地结合起来，① 利用不同的音乐来治疗不同的病症。《左传》记载："天有六气，降生五味，发为五色，徵为五声，淫生六疾。"② 而在《史记·乐书》中也有"故音乐者，所以动荡血脉，通流精神而和正心也"的记载。③

---

① 赵小明. 本土化音乐治疗与实践 [M]. 哈尔滨：北方文艺出版社，2018.
② 赵小明. 本土化音乐治疗与实践 [M]. 哈尔滨：北方文艺出版社，2018.
③ 司马迁. 史记 [M]. 逯宏，校译. 哈尔滨：哈尔滨出版社，2017.

第九讲 音乐可以疗愈我们的心灵吗？——音乐心理治疗

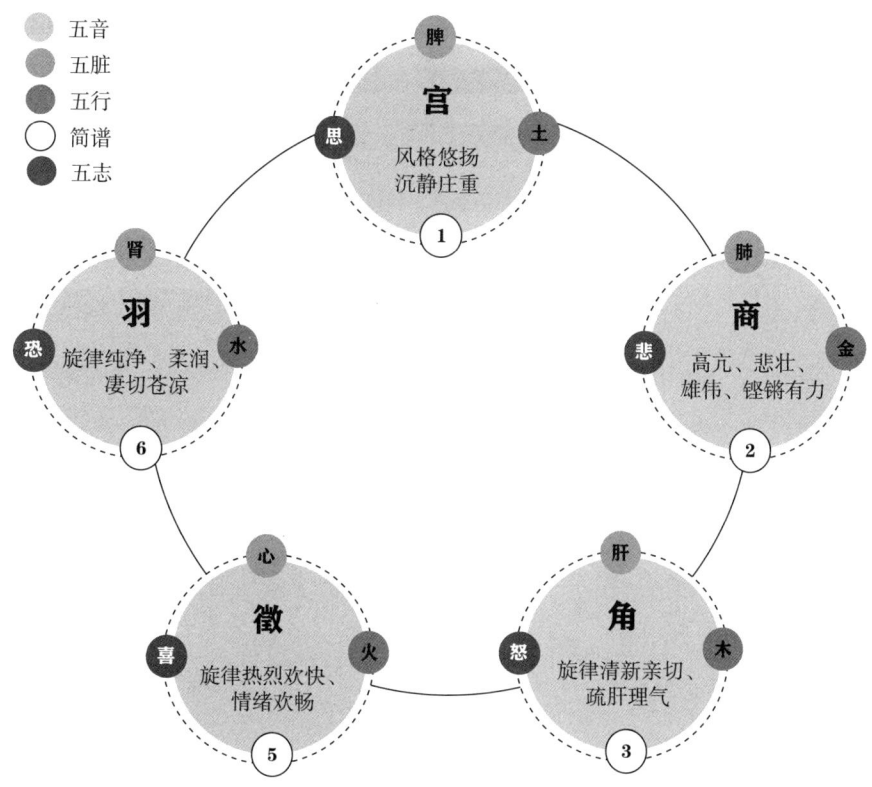

图 9-2 五音与五脏、五行、五志的关系

然而音乐治疗作为一门独立的学科，以理论和临床相结合的方式开展研究，出现得相对较晚。20 世纪 40 年代，随着留声机的发展，在美国的军营中音乐治疗开始得到系统性地研究与发展。1944 年至 1946 年，音乐治疗课程在美国密歇根州立大学和堪萨斯大学先后设立，通过专业课程学习，这两所大学着手训练专业的音乐治疗师。到了 1950 年，音乐疗法协会（NAMT）在美国成立，这标志着音乐治疗学作为一门新兴的学科正式诞生了。

目前音乐治疗已经被世界上多个国家尤其是欧美发达国家广泛采用。迄今为止，世界上已有超过 45 个国家的近 200 所大学开设了音乐治疗教育专业。在欧美发达国家，音乐治疗也已经成为一个社会职业，仅美国就有超过 6000 名注册音乐治疗师在医院、养老机构、心理诊室各种医疗部门工作。

我国的音乐治疗始于 20 世纪 80 年代。1984 年，北京大学心理学系张博源等人发表了《音乐的身心反应研究》，拉开了我国音乐治疗研究的序幕。20 世纪 90 年代初，我国成立音乐治疗协会。1996 年中央音乐学院成立音乐治疗中心，1999 年开始招收研究生，2003 年开始招收本科生。目前我国有超过 300 个音乐治疗机构在从事音乐治疗的一线治疗和研究工作。

音乐治疗的方法与技术也产生了诸多流派：诺尔多夫·罗宾斯音乐治疗法、心理动力取向音乐疗法、奥尔夫音乐治疗、柯达依概念的临床应用、达尔克罗兹节奏教学的临床应用、引导想象与音乐治疗法、发展音乐治疗法、音乐治疗和沟通分析、完形音乐治疗法、应用行为矫正的音乐治疗法、音乐电疗等。[1]

四、音乐治疗就是听音乐吗？

音乐对人的情绪的影响是巨大的。这种影响让音乐成了音乐治疗师的治疗工具。音乐治疗师通过不同的音乐来引导被治疗者，促使被治疗者改变情绪并最终完成改变认知。但是音乐治疗就是简单地听音乐吗？

音乐治疗是一种医学治疗手段，其利用音乐是世界语言的特性，将音乐作为载体来帮助治疗师和被治疗者进行互动、沟通。它并不是简单

---

[1] 郑玉章，陈菁菁. 音乐治疗学的定义、形成及其在中国的发展 [J]. 音乐探索，2004 (3)：91—94.

的由音乐治疗师给被治疗者播放一些轻松美妙的音乐，就能让其痛苦的情绪得到缓解。音乐治疗和心理治疗相同，必须因人而异、因环境而异。在治疗的过程当中，治疗师会根据被治疗者的情绪需要，在前期引入抑郁、悲伤、痛苦、愤怒和充满矛盾情感的音乐来激发被治疗者的各种情绪，帮助他尽可能地把消极情绪发泄出来。等到被治疗者消极情绪发泄基本结束后，治疗师会逐渐使用欢快、积极的音乐引导其内心深处的积极情绪增长，促使其大脑中的记忆区被激活，使被治疗者的痛苦感觉逐渐剥离，逐步摆脱困境。①

对于音乐治疗师而言，在整个的治疗过程中需要根据被治疗者的不同情况以及治疗中情绪的不同变化不断调整治疗方案。对于被治疗者而言，治疗过程是一个重新面对和体验自己丰富的内心情感世界，重新认识自己并走向成熟的过程。

一般来说，音乐治疗的过程包括四个主要的步骤：①音乐治疗师和被治疗者进行问题澄清，对被治疗者问题进行评估。②根据评估结果制订治疗目标。③根据治疗目标制订与被治疗者的生理、智力、音乐能力相适应的音乐活动计划。④音乐治疗的实施，根据被治疗者的反应及时调整音乐计划并进行反馈。②

音乐治疗通常有两种形式：一是针对被治疗者的个性进行治疗。二是针对被治疗者的共性进行治疗。治疗师根据治疗对象的共性与个性的差异，选取不同的音乐素材进行治疗。

音乐治疗的活动形式主要以表演（歌唱和演奏）、欣赏、音乐创造

---

① 陈涛，董湘玉，李东阳，等. 音乐疗法与团体咨询对大学新生抑郁症的治疗观察[J]. 贵阳中医学院学报，2010（4）：18−21.
② 姜艳斐，杨亚萍. 心理咨询本土化在中国的可行性研究——以音乐治疗为例[J]. 黑河学院学报，2012，3（1）：25−28.

活动三种为主。音乐治疗的疗法多样，使用最多的是基于精神动力学的心理治疗、基于行为主义的治疗以及基于人本主义的治疗。

音乐治疗过程是极其专业且复杂的，需要专业的音乐治疗师来实施，并非我们想象的那样简单。当然，对于大多数人来说，进行专业音乐治疗的需求相对较低，但是时常欣赏音乐也不失为一件有益的事情。作为人类通用的交流语言，音乐本身就是跨越国界和种族的艺术，无数种文化、无数种心境造就了丰富多彩的音乐世界，也让音乐带着情感表达更多彩的生命。

五、音乐治疗与大学生心理健康

刚走进大学校园的大学生，第一次独自应对学习和生活琐事，难免感到"棘手"。财务管理、人际关系、时间管理，甚至和远方父母的亲子关系这一系列问题，成了适应大学生活不得不面对的障碍。学习上的不适应、对未来规划的迷茫等，导致部分大学生难以更好适应未来激烈的竞争，有些同学在挫折下难以控制自己的情绪，个别同学甚至因此采取不理智行为，导致社会悲剧发生。

心理学家在针对大学生适应性引发的心理问题的相关调查中发现，大学一年级学生普遍存在焦虑情况。针对这样的情况，音乐治疗可以很好地发挥作用。对于大学生来说，音乐是生活中重要的一部分，把音乐应用在缓解大学生焦虑情绪的治疗上，可以让大学生在欣赏自己喜爱的音乐的同时也获得心灵的放松。在大学里，音乐治疗更容易以一种润物细无声的方式走进同学们的日常生活中。相较于在固定时间接受咨询式的心理咨询或治疗，音乐治疗随时随地可以操作，不占用额外的时间，因此接受度更高。由于这些特点，音乐治疗目前在我国的高校中正逐渐兴起。

当然，对于大多数同学来说，其心理问题并不会严重到需要接受音乐治疗的地步。那么，面对短暂的情绪问题时，我们可以选取哪些音乐来做一些缓解呢？

（一）舒缓压力的轻音乐

轻音乐起源于第一次世界大战后的英国，在20世纪中后期达到鼎盛，虽然在20世纪末逐渐被新纪元音乐取代，但是目前它的影响力依然存在。由于轻音乐的风格介于流行音乐和古典音乐之间，因此它被称为音乐中的"第三种势力"。

轻音乐像山涧中流淌的清泉，将一份静谧渗透到我们内心深处的每一个角落，在不经意间带给人们温暖。相比古典音乐厚重、严谨的乐曲特点，轻音乐显得轻快舒缓、小巧简单。钢琴或是小提琴带出来的明快舒展的节奏、优美动听的旋律，营造出浪漫温馨的情调、轻松优雅的气氛。轻音乐以更通俗的方式进入人们的生活，以它独特的韵味和美感带给人轻松优美的享受。

轻音乐经常在人们的生活中出现，教室、食堂、图书馆里时常播放的就是轻音乐。走出校园后，在公园、饭店、舞会、咖啡店、商场里，随时随地都可以欣赏轻音乐。它自身带有的现代生活气息让它成为伴随着我们休闲、旅游、进餐、入梦的很好的朋友。

轻音乐可以缓解工作、学习带来的紧张，帮助人们以微笑面对生活中的荆棘。可以尝试着给自己一段短暂的时间，轻轻闭上眼睛，找一个让自己身体舒服的姿势，放松全身筋骨，伴随着音乐将心中的烦恼全部倾出。晚上临睡前听听轻音乐，可以使你紧张了一天的神经得到松弛和调理，让你放松地睡一觉。面对学习压力，多听轻柔舒缓的轻音乐还可

以帮助大脑放松从而增强记忆，提高学习效率。

来自瑞士的轻音乐团队班得瑞（Bandari），将他们的音乐创作室搬进了阿尔卑斯山的山谷里。田野、山涧中的灵气，让班得瑞的轻音乐自然脱俗。班得瑞的音乐中，无论是虫鸣、鸟鸣声，还是流水、雨雪声，都取自自然，如阿尔卑斯山、罗春湖畔、玫瑰峰山麓等。紧张地学习后，听一首轻音乐，可以摆脱繁杂的思绪，促使体内分泌一种有益于健康的物质，帮助消弭倦怠、恢复精力。

如果你喜欢民乐，悲壮激昂的《广陵散》、哀怨苍凉的《长城调》、欢快浪漫的《花儿与少年》、幽美邈远的《春江花月夜》、知音相惜的《高山流水》等传统中式轻音乐都是不错的选择，还有近年来流行的国风轻音乐，如琵琶、古筝、笛子等民乐作品也能用音符帮助你消除一天的疲劳。

（二）养神畅志的冥想音乐

冥想音乐，也称心灵音乐，又被称为"疗愈智能的音乐"，其音乐速度与心跳节奏极为接近，能够有效提升身心的放松程度。冥想音乐通常会采用精心编排的低音，使人与自然环境相融合，形成一个纯净的身心净化循环系统。特殊的作曲手法及立体的音效，音符的跳动，不断刺激着脑部，将身心逐步导向平衡。

在日常生活中，我们接触得最多的是瑜伽冥想。其实冥想这种方式历史久远，可以追溯到公元前 5000 年，在许多文献中都有记载。现在流行的正念冥想其实是瑜伽中的一种简单练习，它可以帮助练习者告别负面情绪。冥想要求练习者敏锐地意识到自己的呼吸、身体和感受，积极正面地生活。

近年来，行为病学、心理学、精神病学、保健科学和神经认知科学等多个领域开展了针对冥想的广泛跨学科的科学研究。研究报告显示，正念冥想可以帮助治疗慢性疼痛、焦虑、皮肤病、抑郁症复发、物质滥用、酒精依赖、饮食障碍、失眠、心脑血管疾病以及癌症等。目前全球范围内正念冥想已经推广到普通的健康人群和亚健康人群。[①] 我国 2015 年在中国心理学会临床与咨询心理学委员会的支持下成立了正念冥想专业组。

2009 年的一项研究发现，长期冥想会使人的大脑灰质增加。加州大学洛杉矶分校 2012 年的一项研究表明，经常冥想的人可以改变他们的大脑组织，使其"折叠"得更多，这意味着冥想者比不冥想者更有可能快速地处理信息，这一推测在 2014 年挪威科学家的研究中得到印证。近期的一项研究发现，长期练习冥想的同学，专注力和记忆力都会有相应的提高。

人在闭眼冥想时，伴随着音乐的旋律，将自己的身心完美地带入音乐营造的环境中，想象自己身处自然静谧之间，感受生命的力量，享受世间美景带给我们的美好，让心灵和身体体会到平和、宁静的感觉，让音乐的能量在身体里流动，让充满爱的音乐带给我们心灵无尽的力量。

好茶涤心，一杯即醉；好墨熏心，香染诗词。沏一杯香茗，聆听一曲天籁般的水澹冷音。在一首曲的旋律中，体味禅意人生，在生命的空白处，填充自己。

（三）身心共振的古典音乐

狭义的古典音乐指 18 世纪下半叶至 19 世纪初，形成于维也纳的一种乐派，亦称"维也纳古典乐派"，以弗朗茨·约瑟夫·海顿（Franz

---

① 陈语，赵鑫，黄俊红，等. 正念冥想对情绪的调节作用：理论与神经机制［J］. 心理科学进展，2011（10）：1502－1510.

Joseph Haydn)（1732—1809）、沃尔夫冈·阿玛多伊斯·莫扎特（Wolfgang Amadeus Mozart）（1756—1791）、路德维希·凡·贝多芬（Ludwig van Beethoven）（1770—1827）为代表。古典乐派的特点是理智和情感的高度统一，深刻的思想内容与完美的艺术形式的高度统一。此时期的总体特征是主调风格为主导，音乐语言精练、朴素、亲切，形式结构明晰、匀称，音乐中的矛盾冲突得以加强并深化。

音乐是有节律的，我们的身体也是有生物节律的。当音乐的节律与我们自身的节律逐渐趋向一致时，我们感觉与音乐融为了一体，在情感上彼此共鸣。我们的身体其实也可以看作是一个有节律的有腔体可谐振的"乐器"。我们心跳的"怦怦声"为每分钟60～80次。当我们听到节拍与我们的心率相似的音乐时，音乐对心脏产生共振效应，心脏收缩力增强，循环血量增加，这样的音乐让大家着迷，它的旋律也容易被我们的大脑深刻记忆。

我们的人脑有四种电波，分别是 α、β、θ、δ 波。其中，频率在 8～14Hz 的 α 波，是一种优势电波和轻松波，它让人们快速进入工作、学习、情绪的最佳状态。频率在 14～30Hz 的 β 波容易让人产生紧张焦虑的情绪，被称作压力波。而 θ 波的频率在 4～7Hz，被称作瞌睡波。在我们入睡后，频率在 0.5～3.5Hz 的睡眠波 δ 波占了主导。我们期望可以找到让我们快乐轻松的音乐来调节我们的心理和情绪。

西方学者研究发现，欧洲古典音乐每分钟为 60～70 拍，频率为 8～14Hz，这与我们所期望的大脑中产生的 α 脑电波的频率基本相同。研究发现，古典音乐的低振幅、低频率将与大脑产生共鸣共振，可以活化右脑，诱发大脑中的 α 脑电波，促进脑内吗啡的分泌，使大脑清醒且放松，注意力集中，情绪愉快且稳定，不易受外界干扰，大脑凭直觉、想象和灵感接收、传递信息，让记忆和创造性思维获得充分发展，从而大

第九讲 音乐可以疗愈我们的心灵吗？——音乐心理治疗

大提高大脑的工作效率。此外，α脑电波不仅可以帮助我们提高免疫力、增强忍耐力，还可以促进人际关系的和谐，让学习、工作和生活更加顺心、快乐。

在此给大家推荐几首适合做α脑电波音乐的古典音乐。

第一首是罗伯特·舒曼（Robert Schumann）的《梦幻曲》。这是舒曼在热恋中写下的一首乐曲，乐曲逐层递进且略带微妙变化的律动感如诗歌一般铺陈在我们脑海中。三部曲式的结构之中，第二段通过曲调、性格、节奏的变化与前后的第一段和第三段进行了很好的区分与衔接。四小节的旋律将爱意充分表达，轻盈且浓情，既熟悉又喜爱，谱写出每个聆听者心中对爱的想象与憧憬。《梦幻曲》中包含了不同人生阶段、不同人物角色对不同生活、爱情、梦想的追求，无论是对逝去岁月的怀念，还是对美好未来的希冀，都进行了深刻表达。这首乐曲丰富的音乐表情和细腻的音乐语言，让其充满了诗情画意，令人百听不厌。

第二首是贝多芬的《月光曲》。这首曲子是贝多芬在1801年创作的。这时的贝多芬耳聋疾患日渐严重，与自己的第一位恋人刚刚分手，失恋的创痛尚未平复。在痛苦的情绪萦绕下，他创作了这首《月光曲》。德国诗人路德维希·莱尔斯塔勃（Ludwig Rellstab）（1799—1860）形容这首乐曲的第一乐章为"如在瑞士琉森湖那月光闪耀的湖面上一只摇荡的小舟一样"。乐曲第一乐章表达的感情极其丰富，冥想的柔情伴随着悲伤的吟诵，沉静之中带有一丝忧郁，而后带出的是急躁不安的情绪。随后短小的第二乐章带来的却是180°转折的轻快表情，正如李斯特对它的形容——"犹如深渊之间的一朵花"，让人感受到瞬息间留下的温存与美好。随后的第三乐章，不可遏制的沸腾、狂怒的节奏表现了热烈的情感和坚强的意志。当沸腾的热情达到顶点时突然沉寂，琴音轻推慢陈，如倾泻一地的月光，缓缓移至心房，照亮了那些许久不曾碰触的

角落，勾起回忆联翩。

第三首是约翰·威廉姆斯（John Williams）的《哈利·波特》主题曲——《海德薇之歌》。还记得那个神奇的魔法世界吗？音乐响起，奇怪的音符带我们走进那个神秘而古怪的魔法世界。音符跳跃翻转，犹如海上波浪此起彼伏。就在你徜徉于神秘古堡间时，慢慢趋于沉寂的音乐忽然变成疾风骤雨般，让人紧张异常的节奏仿佛在告诉我们终结之战终将到来。

像这样可以让我们身心共振的古典音乐还有很多，当音乐的深远意境让我们从感伤中解脱出来后，我们的心情会变得畅快且充满自信。

总之，音乐是人类伟大的文明财富，为人类带来了不可估量的精神营养。音乐在我们的生命中不仅带给我们美的享受，更带给我们生理和心理的多重改变。音乐治疗以一种轻松的方式走进我们的世界。畅游于音乐的海洋之中，我们可以祛病强身，安神养心，益智强志，学习人生的哲理。让我们伴随音乐，来一场"乐以忘忧，不知老之将至"的人生之旅。

参考文献

[1] 寿思萱. 为了孩子 为了梦想——首都师范大学音乐团队援助北川中学五周年纪实 [N]. 光明日报，2013-06-17 (16).

[2] 礼记 [M]. 胡平生，张萌，译注. 北京：中华书局，2017.

[3] 高天. 音乐治疗导论 [M]. 北京：世界图书出版公司，2008.

[4] 王旭东. 让音乐带给您健康——奇妙的音乐疗法 [M]. 长沙：湖南科学技术出版社，2016.

[5] 刘霏. 以"乐"为药——探秘音乐治疗的神奇功效 [J]. 首都医药，2008 (11)：44-46.

[6] 蔡汀，王义高，祖晶. 苏霍姆林斯基选集［M］. 北京：教育科学出版社，2001.

[7] 梁拓，李炳琦，汤壮，等. 音乐对脑的正性影响与机制［J］. 现代生物医学进展，2011（23）：4565-4568.

[8] 赵小明. 本土化音乐治疗与实践［M］. 哈尔滨：北方文艺出版社，2018.

[9] 左丘明. 左传［M］. 弘丰，译注. 北京：中国文联出版社，2016.

[10] 司马迁. 史记［M］. 逯宏，校译. 哈尔滨：哈尔滨出版社，2017.

[11] 郑玉章，陈菁菁. 音乐治疗学的定义、形成及其在中国的发展［J］. 音乐探索，2004（3）：91-94.

[12] 陈涛，董湘玉，李东阳，等. 音乐疗法与团体咨询对大学新生抑郁症的治疗观察［J］. 贵阳中医学院学报，2010（4）：18-21.

[13] 姜艳斐，杨亚萍. 心理咨询本土化在中国的可行性研究——以音乐治疗为例［J］. 黑河学院学报，2012，3（1）：25-28.

[14] 陈语，赵鑫，黄俊红，等. 正念冥想对情绪的调节作用：理论与神经机制［J］. 心理科学进展，2011（10）：1502-1510.

[15] 范紫薇. 如何应用古典音乐缓解大学生心理压力［J］. 戏剧之家，2019（1）：204.

第十讲

智慧是复杂还是简单？——得觉理论

一、心理学与人的心理

心理学作为一门科学，从古希腊时期开始，慢慢发展成为今天百花齐放的状态。它讨论人的行为，探寻人的想法，甚至挖掘人大脑的秘密。科学的思维奠定了心理学的基础，其核心在于：运用实验和各类研究手段来求证和量化"人的内心"，从而验证以及总结出规律。但是探究心灵本身，难道已经被"科学"定义完善了吗？我们能够在拿到所有心理学最高学位后，肯定地宣称"我已经掌握了人类心灵奥秘"了吗？我们能够忽视已经流传了上千年的各类奇门秘术或是古籍文献，而仅仅着眼于近百年来壮大起来的新视角吗？在本讲的开始，我们不妨先来一起窥探一下，在心理学成为一门学科之前，到底是什么样子。

人类能够相对准确地描述出所见所闻，这里的"相对准确"一方面指的是客观，另一方面指的是共通性。就好像视力正常的人群能够集体描述出红色，就好像触感正常的人群能够集体描述出冷暖。但是所感所想呢？在触觉、听觉、视觉被刺激之后，人类出现了奇妙的千差万别，进而引发了各种行为。有的人，偶然地，或者是在特意研究之后，发现了人们行为的规律，就好像知道了对方的想法；有的人甚至还发明了可以引导人们行为的方式，或是挑拨离间，或是施展权术。"心理学"就是用科学的手段总结出的各种关于心理的规律。但是还有那么多用别的手段总结出的人类心理规律呢？那些被古人用隐晦的方式流传下来的人类心理规律呢？那些世界上还没有被总结出来的心理奥秘呢？在心理学被定型之后，它们或被主流学术所排挤，或被遗忘，但它们都是人类实实在在的内心反应，都是人们发生过的行为，都是广义的心理学。这些被遗忘或者排挤的规律，有的确实有待考察。但是大多数，仅仅因为描述的方式不符合"科学流程"就被直接否定了其结论；有的因为现象过于超乎"科学逻辑"，或者过于抽象，即使人们亲眼看见，也还是会被"科学"直接打入"冷宫"，例如催眠，例如读心……

因此，我们为何不直接从现象着手，先抛开科学的枷锁，用一种全新的方法，一种崭新的视角，来观察人类心理，再反向用科学的手段来解释——这就是我们本讲要讨论的：东方人自己的心理学的伊始。

二、东方人自己的心理学——得觉理论

其实，东西方在学术上的主要差异，大都在于"科学"和其他一切的差异。例如：西医就是几百年来发展起来的科学化的医学，而中医，或者原始宗教里的藏医、萨满医就是那个"其他"。因为科学化的医学便于解释，起效快，安全性可量化，所以被普遍认可且运用；而其他的医学，可能不方便解释，起效慢，安全性未知，但就结果上来看也能治病。回到心理学，早在科学被传入东方之前，我们已经发展出了完善的哲学、禅宗。在我国古代，哲学、心学的典籍百花齐放，他们都和人类

的行为、和人类的想法、和人类的心理息息相关。在现代心理学慢慢走向 AI 化、电子化、脑科学化的今天，我们是不是还有很多前端领域没有探寻？在现有心理学理论被高科技运用的同时，我们是不是可以着眼于广袤的、还未被开发的，但是存在的那些科学之外的"其他"。

得觉理论，正是这样一种既符合科学规律又顺应自然和宇宙规律，既根植于人类心理本身，又简单易懂，可以被广泛运用的一套心理学理论。它由四川大学得觉文化发展研究中心的格桑泽仁教授创立，是一套区别于传统心理学的东方人自己的理论。

得觉理论旨在持续发现人与自身、人与他人、人与社会、人与自然界、人与宇宙的基本关系，并提供每个个体由内而外协调运作的规律和方法。得觉理论体系包括以下四个板块。

得觉自我理论：解释"我是谁"。指导人们如何处理好自我关系。

得觉恩怨理论：解释"关系的背后"是什么。帮助协调和解决人与人之间的关系。

得觉墙角理论：解释"我在哪里"。帮助人们明确自己在社会中的定位。

得觉迷明理论：解释"我走向哪里"。帮助人们辨识前进的方向，明确选择的时机，把控行动的时间。

其中，得觉自我理论是整个体系中最重要的部分，本讲将着重讲解。

（一）得觉自我理论

得觉自我理论是得觉基础理论中最核心、最基础的一个理论。它发现了人类自己与自己对话的原理和机制，从而回答"我是谁"这一永恒的问题；并且建立了一套可以操作的模型，指导人们如何搞好"自"和

"我"的关系。得觉自我理论把人分为"自"和"我"两部分，并率先提出了"自我"对话模式。通过研读"自"和"我"的对话，就能够迅速解读人的心理状态，进而引导人们达到内心和谐。

（二）"自""我""念""信"是什么？

"自""我"和"念""信"等概念的由来，并非文字游戏，而是在中华文化背景下，结合人类心理特征总结出的概念。简单来说，人们通常不会意识到自己正在产生各种欲望，更不会意识到这些欲望的源头，当然也不会特意去关注自己内心的独白。因为在大多数情况下，欲望是能够在既定范围内被达成的。而超出能力范围的欲望，人们也能依靠后天习得的各种知识、概念，来给自己合理的说辞，从而说服自己放弃。但是当出现不能说服自己又无法通过现有条件满足的情况时，内心的矛盾便会凸显，思绪会在脑海中反复纠葛打架。

得觉自我理论，正是着眼于人类脑海中纷繁复杂的对话，并且归纳总结了这些对话的来源，甚至梳理了引起这些对话的源头。得觉自我理论，将它们称为"自""我"和"念""信"。

1. "自"是什么

"自"是一个集合概念，它代表了人类最根本的感觉，代表了人类自身蕴含的能量。因此，来自"自"的声音根植于人类的感觉，是语言不能完全描绘的。例如"冷"这个感觉本身，在文字"冷"出现之前一直存在。

因此"自"是与生俱来的，是能量、感觉，是不需要后天学习，且与自然连接的一种存在。人在刚出生的时候是不知道冷、热这些概念的，却能够感觉到冷暖。同样地，我们也能感受到轻松、温暖、愉悦、害怕、愤怒，以及他人的快乐和愤怒，尽管刚出生时，我们并不知道这些概念。这种与生俱来的能量就是"自"。

"自"随着宇宙的更迭而变化，随自然环境的改变而运动。它以"情"的形式显化，并且展示给别人。所以人们的情绪会时好时坏，人类的感觉也在经常变化。"自"追求生物的本能，享受快乐，享受安全，没有概念，没有规矩，有规律，呈现节律，它寻求舒适。为了更加舒适，"自"会生出各种念头。

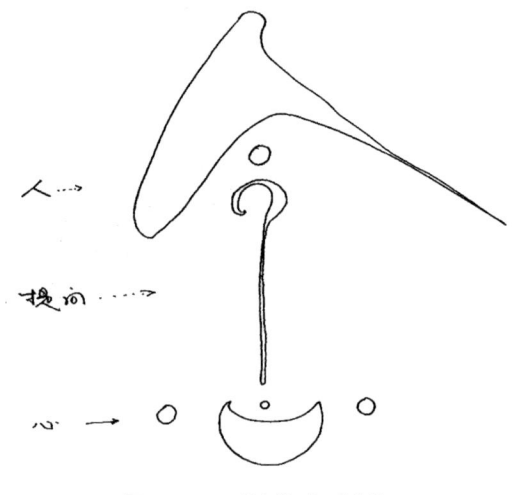

图 10-1 "自"生"念"

我们以早晨起床为例，大脑中主张赖床的一方，其实就是"自"，它关注当下更直接的感受——如果继续留在被窝里，身体会很舒服。

于是我们得出结论："自"是人类情绪、情感和能量的来源，是人的自然属性。"自"的活动形式主要是感受和情感体验。这种体验有的时候是一种无意识层面的、懵懂的身心感受；有的时候可以上升到意识层面，被语言所表达。无意识的体验是"自"的原始活动形式，有意识的体验是"自"在更高层次的发展。

2. "念"是什么

"自"的表达方式是"念"。"念"是"自"产生的，是"自"说给

"我"的话，是"自"的描述方式、表达方式、交流方式和显化方式（图10-1）。"念"是一个自动的系统，"自"每天会生出许多"念"，其附着的能量可以越聚越多，也可以越来越少。

它的产生过程，就是曾经体验和感受过的直接反应，是"自"说给"我"的话。"念"是一个自我保护的装置，它以保护"我"的安全为服务宗旨，在安全的基础上确保"我"的快乐。"以快乐为服务目的"，就是我们平常所说的"趋利避害""追求快乐，逃离痛苦"。因此"安全"和"快乐"是"我"的基准线，也是它的基本职能。

3. "我"是什么

"我"也是一个集合概念，它代表着标签、面具和社会角色，它代表了后天的所有知识和经验。例如：我来自北京，我是一位律师，我是老师，等等。"我"是"自"在社会关系中的存在形式。在别人眼里，就是一个字——"你"。

由表10-1可以看出，一个人在出生时就被家人贴上"小明"的标签，这个标签是他自己不知道的、由他人决定的，而当他认可这个名字时其实就戴上了面具。我们的面具被家人、老师、伙伴以及陌生人一次一次地确认，一次一次地认同，并一次一次地被自己感受和确认，从而最终形成。一旦形成一种自我确认的面具后，我们就会戴着这个面具去扮演我们认为该扮演的角色，并享受其中。

表 10-1 "我"的形式

父母给孩子起名为"小明"	
外界	孩子的"自"
外人用自己的语言讲出"小明"	听见一种音节
外人不停地叫"小明"	好奇,并给予回应
外人高兴地继续叫"小明"	感受到外人的高兴,给予回应
外人在孩子有了反应之后,给予奖励,如好吃的、好玩的等	感觉到舒适,在下一次听见"小明"的音节时,就回想起这种舒适感
在多次重复以上过程之后,孩子最终会意识到,"小明"两个音节,在外人发出后,表示自己。至此,"小明"等于"孩子自己"这一"我"成功形成	

举例而言,小孩子撒了谎,戴上了说谎这个面具,爸爸妈妈会教育他说谎是不对的,这种教育其实就是对他这种面具的不认同。而小孩子感受到爸爸妈妈的不认同和不高兴,也会反过来怀疑"说谎"这个面具,拒绝对这一面具的自我确认,"说谎"这个面具就难以被认可,难以成为他角色的一部分。与之对立,父母会鼓励孩子诚实守信,在他践行诺言时夸奖他,给予认同,身边的人也会予他以支持,于是这一面具就得到反复的确认,孩子也就在整个过程中反复感受这一面具并最终实现了自己对它的确认。

从这个例子中我们可以看出,如果一个角色被大家一次次地不断认同,在社会里,在人群中,在自己的心里,就形成一个"角色—面具—标签"或"标签—面具—角色"的模式,于是我们就习惯用这个模式里的标签、角色和面具生活,久而久之,它就成为被自己完全忽略的习惯。

其实"我"就是这么逐步形成,并发挥着它不可思议的作用的。从幼小的时候到现在,我们的成长经历,所学的知识,以及形成的世界观、人生观、价值观,让我们程序化地成为现在的"我"。同一个人可以拥有很多的"我",因为在社会中会扮演不同的角色,因此,"我"是一种对外的存在,被用来和外界交流,是一个媒介,是人的社会属性。

4."信"是什么?

"我"的表达方式是"信"。"信"是"我"产生的,是"我"收到"自"的话的反馈,同时也是对外的表达。"信"从汉字的字形来看,就是"人、言",意思是人说的话。"信"是人对外沟通交流的主要方式之一。"信"是"我"的表达方式,"我"是角色,是面具,是标签。在日常生活中,"我"就会经常戴上面具、贴上标签、扮演好当下的角色,就会说当下角色想说的话,如说场面话,说对方想听的话,这时的话有真亦有假。

人与人的沟通交流,实际上是信息的交换。当一个人完全融入一个事中,用"我"表达出来,被他人看到、感受到、听到的就称为"信"。"信"是对方传来的话,收到的感受为"息",组合起来叫"信息"。

(三)"自"和"我"的对话

这里以"喝可乐"为例,简单展现"自"和"我"的对话(表10-2)。

表10-2 "自"和"我"的对话

一个人喝下可乐	
"自"产生可乐带来的视觉、味觉、触觉、嗅觉、听觉等感受 "我"开始调取毕生所知的所有概念,试图匹配这种感受 由此,"自""我"对话开始	
我	自
这感觉是不是"爽口"	对,这就是"爽口"的感觉,但不全是
这感觉是不是"冰爽"	对,这就是"冰爽"的感觉,但也不全是
这感觉是不是"好喝"	对,这就是"好喝"的感觉
对话结束,对"喝可乐"产生"爽口""冰爽""好喝"等正面情绪。	

在此人重复"喝可乐"这一体验，并且"自"的感受和"我"的概念相匹配以后，无需再次体验"喝可乐"，只需受到可乐的画面、声音、触觉等刺激，就能直接唤醒"喝可乐"时的感觉。这是一个简单的"自"和"我"对话流程，在这一流程中，产生的是正向的感受，当然也可能是负面或纠结的感受。

然而在人们的日常生活中，这一流程都是无意识的，人类不知不觉完成了各种概念的匹配，并且将它们视为真理，视为唯一，视为绝对。得觉自我理论最大的妙处是把无意识的对话模式有意识化，主动掌握对话的模式，主动修改不利的对话习惯，达到和谐自然的对话效果。以不纠结的心态应对变化无常的外部世界，这样一来，人就进入了喜悦的状态。

得觉自我理论认为，如果我们能够觉察自己以及他人的"自"与"我"的互动模式，就可以轻松地找到每个人"自""我"对话的规律，就可以清楚地知道这一个体会怎么思考，也就知道纠结点在哪里，下一步会怎么纠结，从而通过自我对话找到自己是否和谐的开关，引导自己自省。自我对话的和谐开关一旦打开，内心就会走向轻松、平静、淡定并充满能量。

（四）"自"和"我"的关系

人类很难百分之百知晓别人脑海中最真实的对话，即使对方愿意将对话分享出来，由于语言无法百分之百表达感受，我们也不可能完整知晓对方的"自""我"对话模式。因此，格桑泽仁教授通过观察一些既定的行为和表现，将人类的"自""我"归纳为以下几种不同的关系。

有的人"自"大"我"小，只求自己舒服，生活在自己的习惯里而无法觉察自己的状态，给人的感觉是自我为中心，容不下别人，也听不进去建议,把"我"翘得很高(图10-2)。一旦"我"在社会里被别人戳到了怒点,"自"就会感受到愤怒,这是因为"我"的格局不太受模式化、概念化或者习惯的约束,有本身固化的价值观、人生观、世界观。这样的"我"层面低格局小,无法说服"自"回到平静。

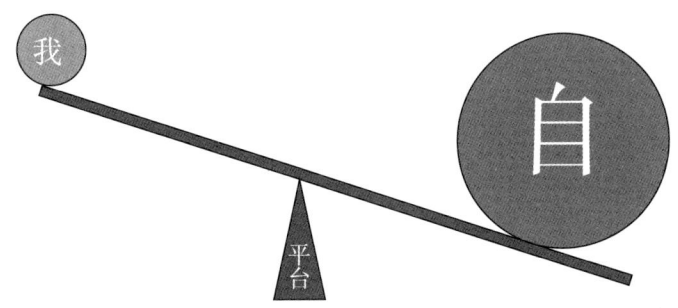

图 10-2 "自"大"我"小

因此,"自"大"我"小的人往往脾气比较火爆、有闯劲、遇事容易急躁、不善克制、喜欢竞争、好斗、爱显示自己的才华。因为在人群里必须把"我"吹大,来匹配"自"的需要,所以他们喜欢被别人吹捧,也喜欢自吹自擂,有时也会胡乱撒气。

只有膨胀的"我"才能满足"自"的需求,这种人在自己擅长和习惯的领域里可以表现出和谐,展现出独有的热情和能力,做出一番成绩,但他们在人际关系中很脆弱,容易受挫,常存戒心,不安全感重,甚至为了满足"自"的需求可以抛弃"我"的价值观、尊严、责任。

有的人"自"小"我"大(图10-3)。这类人想做而无力做,表现为过度谦虚、无力、退缩、自卑胆怯。"我"大,说明在社会中扮演的角色多,但是由于"自"小,所以常常能量不足。因为"我"太大,承担的角色、面具多,但是"自"的能量又不足以支撑起所有的角色,所以表现为什么都想做,但又什么都不愿意承担。

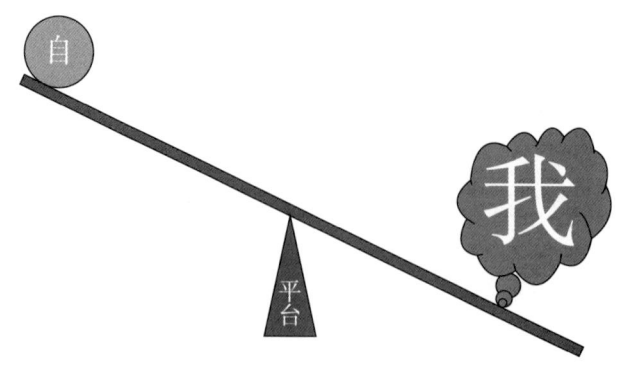

图 10-3 "自"小"我"大

当这一类人在社会里被戳到怒点，"自"会感受到愤怒，但是可能由于"我"的职位不允许，或面子上过意不去，或受教育程度很高，被灌输了很多道理，所以能控制住"自"不将愤怒表现出来。但毕竟"自"过小，能量不足，即使"我"的知识再广、职位再高，还是无法平息"自"感受到的这种愤怒。所以这类人虽然表现得心平气和，事实上却处于压抑的状态，情绪往往向内。因此"自"小"我"大的人常常压抑自己的情绪，也不善于发泄情绪。由于"自"小"我"大，因此"自"常常抱怨，动力不够，但是"我"又什么都想做，经常虎头蛇尾，做事很难专心，不能持久。这类人容易情绪化，往往会使得旁人也不舒服，在团队中有可能会阻挠事情圆满完成。

有的人"自"和"我"一样大，这是一种平衡状态（图10-4）。这类人如果被触到怒点，他们的"自"会感受到愤怒，由于"我"大，他们能够明了事理，不会随意撒泼；由于他们的"自"也大，"自"能够包容、认同"我"的价值观，同意"我""不发火"这一决定。他们的"自""我"能量相通而且达到了平衡。

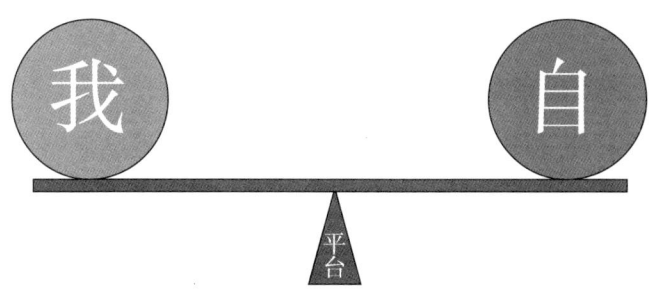

图10-4 "自"和"我"一样大

这一类人最后会表现得心平气和,而且能做到不纠结、不压抑。因此"自"和"我"一样大的人一般不会感到被时间所迫,亦不会因时间不够用而感到厌烦。他们一般处事泰然,不对别人产生敌意,不易为外界事物所扰乱。

(五)得觉自我理论对典型心理问题的解释

自古以来,心理疾病都是复杂而难以捉摸的。我们无法从器官上看见标志性的病变,更无法靠肉眼识别病因。虽说治病应对症下药,但如果只知症,却不明因,我们该如何是好呢?虽然现代科技已经能够准确展示出脑电波的变化,能够量化激素分泌,能够运用大数据和 AI 显示出感情,但是面对逐年升高的心理亚健康和心理疾病数据,现代科技似乎也只在诊断方面有了飞跃,在预防和治疗方面的进程依旧缓慢。下面将用得觉自我理论解释常见的三种心理疾病。

1. 孤独症

得觉自我理论认为,患有孤独症的人是没有"我"或者"我"非常小,所以没有办法用"我"来交流,或交流的通道很窄。因为他们的"自"被封闭了起来,这个"自"与"我"的对话不成立,因而很多时候,"自"都不生"念",在自己的世界里简单自在,不与外界交流,不仅很难融入社会,而且很难表达"自"的感受。但是对于他们自己来说，他们的"自"能用，且能量很大，因为他们与生俱来的感觉灵敏，能从周遭的环境里收到非常多的信息。

因此，虽然很难与自闭者通过语言交流，但如果我们也用"自"来感受，其实是能够感受到患有孤独症的人群的感受的，从而与他们实现一定程度的交流。

2. 精神分裂

得觉自我理论认为，精神分裂者是拥有两个或两个以上的"自"，于是就会产生很多"念"并被"我"收到。精神分裂者可以听到自己内心的很多声音，"自"分裂了，且各个"自"拥有的能量很强，也没有规律，因而很难与正常人沟通。

3. 抑郁症

得觉自我理论认为，如果"自"特别难受，"自"的"念"一般表现为绝对化的、负性的、消极的，但有时又会有好的"念"产生，于是"自"就会纠结，当绝对化的负性的"念"超过一定比例，"自"就会产生求死的念头把"我"杀掉。这样就产生了抑郁症。

三、得觉与智慧

人类的语言丰富而灿烂，其中，关于夸赞的词语更是各式各样。智慧是一个褒义词，它似乎难以达成，像是一种感觉或是美好的愿望。有意思的是，我们竟然在无法从生活中找到与之完全匹配的案例的情况下，慢慢理解了"智慧"这个高度抽象的词语。这是一个很难被完整定义的概念，但又是每个人都能隐隐约约感觉到的存在。

智慧究竟是复杂的还是简单的？智慧究竟是无法触及还是能够取得？智慧是长久的存在还是灵光乍现？本讲将用得觉的思维慢慢道来。

第十讲 智慧是复杂还是简单？——得觉理论

丰富的自然宇宙孕育出多元的文化和人，以及多元的价值观。正如冷与热的冲突，或是高与低的冲突，一些文化之间从根本上就存在某些次元上的对立。但智慧就好像空气一般，能够让每个人都接受。智慧可以像串联一个个珠子的绳索一样，让人类相互理解和接纳，并协作共存。人类自诞生开始就在尝试着通过社会、政治、经济、法律、道德、宗教等方面来统一。仔细一想，强制一批人做他们不愿意做的事情，必定会导致冲突。

智慧的传递就是如此艰难。人类被分为一个又一个独立的个体，靠文字、语言、画面以及现在的网络、电波等去传递信息，但每个人还是无法百分之百感受他人的感受。纵使科技发达到能够将感受可视化，甚至能将感受传输，科技的本质依旧是要去除感性和主观的影响，缩小误差。那么科技如何传递智慧这种主观的思想？我们如何获得智慧，又将怎样传递智慧？

得觉理论把关注点从外在的关系转移到个体内在的关系上，并应用汉字造字法——象形、指示、形声、会意、转注、假借，将几千年来圣人们想表达但一直没有表达清楚的信息，通过"自-我"这个独有的关系，尤其是将"自"的独特内涵表达出来，阐释了人类共有的秘密，并运用它将不同的价值观、伦理、道德、政治、宗教串联起来，回归到自然律动中。

得觉理论回归本原，返本还原。本来面目即本在、本原、本性。古语云：要谈本则谈性；欲言性，先从心讲起；欲言心，先从念讲起，人随念动。得觉理论研究的就是心。

1. 得觉是什么

得觉是简单的智慧，简单的生活智慧，生活中喜悦的简单智慧，是可以运用的快乐思维，是幸福行动和拥有面对当下的能力。简单地说，得觉就是智慧的生活。

以学术语言表述,得觉就是得道觉行,可以分为四个层次的境界,依次为:不得不觉,得而不觉,有得有觉,不得而觉。归纳起来就一个字:觉。得:所知所有,所感所悟,所显所能,得也;觉:似月似水,是月是水,非月非水,觉也。

2. 得觉的丰富内涵

第一层含义:是汉语中"得到、觉悟"之意,描述的是人们精神所处的状态。人时刻处在一种得觉的状态中,当你开始觉得自己没有得觉、觉悟的时候,你已经开始有一种觉悟的状态。当你感觉自己已经觉悟的时候,你将进入另一种觉悟状态。这是自我暗示,也是自我催眠原理的一个基础。

第二层含义:是"自我对话"的意思。我们在日常生活中,做出的每一个决定,都会经过思考,经过大脑中反复的自我对话,然后选择一个最佳的方案。得觉"自我对话"的理论在整个心理咨询和治疗中都起着重要的作用。

第三层含义:描述的是人们通过学习获得成长的一个过程,这个过程可以用五个字表示——知、悟、做、得、觉(图10-5)。从"知道"到"悟到"是重复过程,从"悟到"到"做到"是行动过程,从"做到"到"得到"就是发展过程,从"得到"到"觉"是升华过程。这是一个循环的过程。从得觉螺旋图可以看出,学习的第一步是"知",第二步是"悟",第三步是由"悟"通过行动到"做",第四步是由"做"通过发展到"得",第五步是从"得"升华到"觉"。最终从"觉"再到新一个层面的"悟",进而实现学习的螺旋式上升。这里是指,每个人都可以通过自我的学习成长,唤醒内心的力量,挑战和面对当下的状态,依靠激发自身的潜在能量获得自救。那么心理工作的一个重点是帮助人们获得原动力，找到动力源。

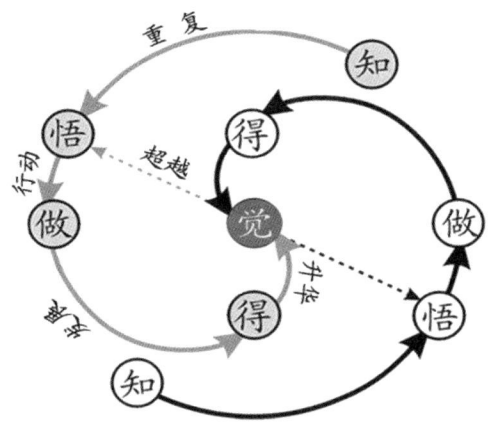

图 10-5　得觉螺旋图

第四层含义：取藏语中"平安、吉祥、快乐、安康"之意。这既是美好的祝福，也是每个人期盼的状态，更是创立得觉体系的初衷。

第五层含义：是指在得觉螺旋图的指引下，生命按照顺时针方向在时间中变化前行；精神按照逆时针方向在空间中运动升华，波浪式前进，螺旋式上升。

第六层含义：从对生活的"得到觉悟"到精神的"得道觉行"。得觉理论是朴素实用的，却又不失灵活，所有的理论都顺应人自身的特点与事物自然的规律。着眼于优势区，以将人置身于自己的优势去发展为目的，缺陷自然就会被接纳，喜悦也就随之而来。从"得到觉悟"的生活状态到"得道觉行"的精神状态，需要经过当下的面对、幸福的行动、快乐的思维、喜悦的智慧四个阶段。当一个人喜悦生活的时候，心就越来越平静；而持续的喜悦生活，是通往更高精神境界的基础。

第七层含义：是生活的智慧，智慧的生活。得觉理论认为，简单是一种生活智慧，更是一种经历复杂之后的更上一层楼的彻悟。智慧即生活,生活即智慧,最大的智慧就在细微的生活里,智慧的生活者就是得觉人。

自我理论看人间百相[①]

格桑泽仁

孤独与寂寞

用自我理论来讲,孤独是一种"我"感觉到与他人、社会、环境疏远了,实际上是一种"自"的感觉和体验,而非客观的状态,是自身的一种感觉,是一个人所在的空间生存状态的"我""自我"的一种封闭,它是脱离人群而感觉到的一种消极的状态。这种感觉如同把自己放在一个窟窿里,在窟窿里有一种力量和能量让自己不断地下坠。"我"的感觉会很不好、很不舒服,而且不能自拔。同时有些人会觉得有一种力量把自己束缚起来了。心没有依靠,身有所求但求而不得。即使我们给予,往往也很难把这种感觉消除掉。

当然我们要让这种感觉停止,停止最好的办法就是让人运动。运动让对话停止,同时让身体远离这种感觉。中医认为这种感觉是阴气太重、寒气太重,阳气不够。西医把这种感觉当成一种忧郁的、能量纠缠的、负性能量叠加的状态。

而寂寞是介于孤独和落寞之间的一种情绪。当一个人离开群体后,他的"我"没有归属感了,因为没有归属感而觉得自己很寂寞。寂寞是

[①] 文章来源:"得觉"微信公众号,2018年8月22日。

有心连接在外，那就是"我"一直连接在外的一种体验。从自我理论看，孤独是"自我"朝向内，而寂寞是"自我"朝向外；孤独是"自"和"我"面对面，而寂寞是"自"和"我"共同地向外求。

寂寞是有客观的状态的，寂寞不仅是一个人的一种感觉。我们也不否定在很多人的时候，也会感觉到寂寞。因为一个人在一个不熟悉的环境中，在不熟悉的群体中，他的"自"和"我"没有连接的时候，一样也会感觉到寂寞。林黛玉主要是孤独，而李清照则是寂寞。

林黛玉的《秋窗风雨夕》有两句"秋花惨淡秋草黄，耿耿秋灯秋夜长。已觉秋窗秋不尽，那堪风雨助凄凉。助秋风雨来何速？惊破秋窗秋梦绿"体现了她的孤独。

那么李清照的寂寞大家就很熟悉了。"寻寻觅觅，冷冷清清，凄凄惨惨戚戚。乍暖还寒时候，最难将息。三杯两盏淡酒，怎敌他、晚来风急！雁过也，正伤心，却是旧时相识。"这是李清照的《声声慢》。当然，还有下半部分。"满地黄花堆积，憔悴损，如今有谁堪摘？守着窗儿，独自怎生得黑！梧桐更兼细雨，到黄昏、点点滴滴。这次第，怎一个愁字了得！"诗人表达的情感中，除了寂寞还有孤独，表达了一种无言独上西楼，孤独与寂寞并驾齐驱的情感。

孤独者，因为"自"绕着"我"，所以会有很难受的感觉。寂寞者，因为剪不断理还乱的漫天思愁，所以无法不牵挂寂寞。

一得一觉一幸福

当幸福来临，拂面而过的风里都会带着歌声，幸福最能让我们真切享受的就是当下愉悦的感觉。当下是个很神奇的时刻，你就在当下，可同时也在过去的决定里，也在把握着明日航向的罗盘。那么这个当下你所收获的、感悟的，如果能点燃你浩瀚无意识里最闪亮的火焰，喜悦的笑容就会浮现在你的脸上，叠加的就是你生命的幸福。

我所知道的是，每一个人每天都会有一定的时间处于得觉状态，"觉"让你豁然开朗，听到自己的成长的声音一如夏夜麦田里拔节的声音那样干脆——这些，其实才是你获得幸福当下的持续动力，一如得觉，是你本来就拥有的能力。而我更愿意做的事情，就是在这里与你一起分享一些感觉幸福的时刻，帮助你让自己的幸福更加有力。

命运莫如运命。

曾有学生这样问我："格桑老师，您相信命运吗？"

我说："我相信'命'，我更相信运'运'。"

为什么相信"命"？因为人活到最后，回望自己走过的一生，会感慨地看到一个字——"命"。也就是说，我们每个人会在临终的时候总结："我这一辈子，就这个命啊！""命"不过是我们从生到死的一段历程而已。人出生就完成一件必然的事，走向死亡，而且这个目标一定能实现。"人生"两个字就告诉我们：人人入土。"生"是一个"人"加个"土"构成，这就是我们每个人——身体的命，无论身份贵贱、国界都逃不过身体的这个"命"！其实我们追寻的是精神的——"命"，所以我更相信"运"。因为"命"就是拿来"运"的，关键在于谁来运，如何运。

如果你完全相信命运，那你就是"宿命论者"。"宿命论者"是把自己的"命"拿给别人来"运"，这个"别人"，可能是一个人、一个集团、一个组织抑或一种无形的力量。把"命"交给别人来"运"，如果别人运得好，也许你会觉得自己运气好，一生也就这么过了；倘若别人运得不好，你就会感到人生坎坷不如意，一生走完也只有自认倒霉。

关于"运命"，我经常会讲《两片叶子的故事》：两片站上枝头的叶子，一阵风刮过，它们一起飘落下来，落进小河里。它们在水中打着旋儿，毫无目的地顺流而下。突然，一只小手将其中一片叶子捞起来，一个小男孩惊呼："哇，好漂亮的叶子！我要把它送给国外来的小朋友！"于是，小男孩把叶子做成了美丽的书签，送给了国外来交流的小朋友。这片叶子，就变成了友谊的象征飞跃重洋；而另外一片叶子就没有那么幸运了，它依然漂浮在小河里，慢慢变成褐色，然后腐烂，最后沉到河底，不知所终……

想想你走过的生活，是不是有点像这两片叶子，自己的命因他人而好，也会因他人而坏？

其实，我们应该自己"运命"，让自己的"命"站起来，得觉自我理论称为"立命"。那么我们该如何"运命"呢？我们总会过完一生，与其在临死的时候回望自己的"命"，莫如现在就给自己定一种"命"，给自己一个让一生快乐的"借口"，积极地面对已经发生的事情，把握当下拥有的机会，全身心投入自己能做的事情，享受每一次经历与体验。自己"运命"，有一天你会发现自己的"命运"可以像晴空下的云朵，像草原里的花蕊，像雨后的彩虹，自动展示出美丽的形状，折射出七彩的光芒，丰富而精彩！

人生的正态分布

如果你做过有关统计的工作，一定会注意到这样一个事实：大量的随机数据，最后大都呈现出规律的分布，统计学称为正态分布，描绘出来的图形则是一条"钟形"曲线。那么，你知道正态分布的含义吗？那条美丽的钟形曲线，中间大两边小，表示在一系列的随机数据中，大多数据处于平均状态，极端的数据只占少数。

最为奇妙的是，大自然里很多现象，也有类似的规律：森林里树的高度、鸟儿可以飞行的距离、一条河床上鹅卵石的重量……统计出来也都可以画出正态分布的曲线。大自然的规律如此，其实我们的生命，以及那些发生在我们生命里的事件，又何尝不是趋于这个状态呢？

曾经有一个人过得非常抑郁，他找到心理医生："医生啊，我觉得我活着真没意思，我遇到的总是倒霉的事情，几乎没有好事发生。"

"真的是这样吗？"在了解了这个人的情况后，心理医生拿出一红一蓝两个盒子和一袋乒乓球，"那不妨让我们来做个实验吧。"

于是这个人按照医生的嘱咐，每当遇到一件高兴的事情，就往红色的盒子里投一只乒乓球；每当遇到一件不开心的事情，就往蓝色的盒子里投一只乒乓球。开始的时候，他还不由自主地去记投进两个盒子的球。一天、三天、十天……日子一天天过去了，由于盒子除了盖上的投球口，其他地方都是密封的，他也渐渐忘记了投了多少球。

三个月之后，他再次约见心理医生。当心理医生把两只盒子打开时，他发现投进蓝色盒子里面的球竟然只比红色盒子多了五个！

此时，心理医生才告诉他："发生在我们生活中的好事情与坏事情，其实是差不多的。只不过有时候人总是习惯地去关注那些不幸的事情，放大了负面的感受。"

就是这样，生命中很多看起来对立的内容，其实也是呈正态分布的。比如失败与成功、沮丧与兴奋、失意与得意等都是接近平均的，没有一个人总是拥有，也没有一个人总会失去。正是因为有两种相对的体验，你的感觉才会因此灵敏。

每个人生命中的事件，总是趋于正态分布。我们之所以觉得某一类的事情总发生在自己身上，大都是因为目光停留在这类事情上的时间太长了。既然如此，那不如让我们多看看生命中快乐与幸运的事情，保持喜悦的心情。

第十讲 智慧是复杂还是简单？——得觉理论

写下自己的时光坐标

我看见在一片广阔的田野上，有一些人在原地跳来跳去，影子始终随着他们左右旋转。我想：这些人是要摆脱他们的影子吗？正当这时，田野中间的大路上，一个高大的男人向我大踏步走来，朱红色的袍子在身后扬起一小片沙尘，阳光正好。他就在我面前停住了，问道："你看到了什么？"我正要回答，电话铃声把我拖回了现实——我还躺在家里的沙发上，刚才不过打了个小盹儿。

接起电话，是助手在提醒日程，我顺便把刚才的梦讲给他听，并问他："你看到了什么？"他沉吟了半晌，说："老师，这个画面让我想起了你经常说的一句话：人只有在往前走的时候才能不受过去阴影的影响！"

我说，我看到的是他在给我演"什么是人生"。那些围绕着影子打转的人，越是想逃离阴影却越是困难。尽管阳光洒满了田野，他们也只能抱守着身边的小阴暗，为之焦头烂额。而那位身着红袍的人，身后定然也是拖着一道影子，但是我只看到他踏着阳光一路走来。

迈开腿，一脚在前一脚在后，就是用身体画了一个立体的"人"字。他的每一步，相当于在生命的路上划下一道横线。一步与一步之间有间隙，仿佛是一个阴爻。可当他不停地跨出步子，你看到的就是一条完整的直线，就变成了阳爻。

人生的断裂与完整，竟然可以在这样的过程中，绵延着我们的悲喜。你可以花一点时间，细数这一年间发生的大小事情。

你也许会觉得这一年总体还是挺好的，那些曾经让你夜不能寐、食难下咽的事情，那些让你恨不已、爱不已的人，那些纠结、忧伤、焦虑的心情，似乎从某个有风的午后开始，像金黄的银杏叶一样散落，最终只在心头留下了淡淡的痕迹。

可是也许就是你，忘掉了大部分的事情，只记得其中一两件。因为那些事情，曾让你的情绪大起大落，曾当众把你的面子撕了个粉碎……曾经很多个夜里，你在梦里辗转反侧，想要摆脱，却陷得更深，就仿佛那些在阳光下想跳着逃离自己影子的人那样。但是现在你已经知道了，你永远也不可能摆脱你的影子，你唯一能做的，就是把它们甩在身后，大踏步向前，朝着阳光、面带笑容。

我不知道你有没有写目标的习惯。如果有，在年末的时候看看那些已经实现了的，为它们画上一个漂亮的句号；那些没有实现的，想想是不是你一定要的，如果不是也给它画个句号，如果是把它们写进下一年的目标计划中，并且作为第一项。你知道，在洒了的牛奶上哭泣与抱着空奶瓶哭泣一样，是没有用的，让自己拥有一瓶新的牛奶，才是最正确的选择。

一些节日，抑或生命中的重大事件——我们已经很习惯把它们作为一个时光坐标。既然如此，就把它定为一个新的起点，迈开步子，因为你身边的人都开始出发了，动起来。

等待花期刚刚好

一盆被照料得很好的滴水观音，却不知什么原因，叶子一片一片变黄、凋落，它的茎也慢慢地开裂。来客看到这盆花，纷纷摸着它残存的叶子发出叹息。然而主人却不慌不忙，日复一日地给这盆花浇水，挪腾着它晒太阳。人们好奇地问："这盆花已经要死了，你干吗还不把它丢掉呢？"主人说："不丢，自有优胜劣汰，我在等待它的花期。"人们就更加奇怪了，这滴水观音不会开花，哪里还有花期呢？可是主人只是笑笑，也不解释。

日子一天一天过去了，也许是半年也许是一年，人们到主人家里，发现原来那盆滴水观音变成了两株,新茎长起来的地方还可以看到老茎断裂的残迹。而新长出来的两株绿叶,生长得鲜翠如滴。又过了五六年,其中一株开了一朵淡黄色的花。人们惊叹,主人说:"每株植物都有它的花期,这滴水观音虽然是热带植物,在我们这偏北的地方不易生长、不易开花,但时机到了,它就开了!"

其实这天下人、天下事,也都有花期。一件事情的成与不成,不仅与个人的努力有关,更与时机有莫大的关系。有时候,你觉得努力了、奋斗了,可每次就差那么一点;而偏偏你身边的某个人,没你付出得多,可差不多的事情,到了他那就顺得像是夜半开快车。这就像花期,花期未到,它始终是枝上不起眼的花苞;既逢花期,即使严寒它也会在枝头颤颤巍巍地绽放它的美丽。

有人说:"你这样会不会太宿命论了?"我不知道你有没有养过花,等待过花开放。养一株花,你要培土、浇水、施肥、除草、除虫,花很大的心力,也不能随心所欲地让它开花,你得顺着它,候着它,等着它绽放的时机。可是如果你不去照料它,你便永远也无法欣赏它的美丽。你看,要照着这么说,这生活里还就是有宿命的成分在。

一个朋友,一直攒钱想要开一家提供热咖啡和精美糕点的小咖啡馆。三年过去了,她攒够了钱,她的小咖啡馆在城市的一角迫不及待地开张了。可是,才半年,她的咖啡馆持续亏损,岌岌可危。此时,她遇到了一个可以给她投资的人,可投资的不是一个小咖啡馆,而是繁华街区的一个茶餐厅,和她想要的风格完全不一样。她犹豫了很久,也思考了很久,最终决定赔钱卖掉咖啡馆,先开茶餐厅。这次茶餐厅经营得非常成功,又一个三年过去了,她的资金开一个小咖啡馆已经绰绰有余了,于是她把茶餐厅转给了其他人,重新在旁边开了一个小咖啡馆。

她说:"我等了七年,这件事情才真正地来了。三年前第一次开咖啡馆的时候我以为那就是对的时机了，没想到命运又让我折腾了三年。"

那个对的时机，在它没有真正到来之前，我们永远也不知道它是什么样子。但是智慧的人，就是那些在它来临之前勤勤恳恳工作，并且相信它一定能来的人。

就像那盆滴水观音，复苏、成双，六年才开一朵花，吸引了一大批人来观赏，大家说："运气好，赶上刚刚好的花期。"但只有主人知道，这个刚刚好的花期，早就在他心里了。

当你觉得自己没有得觉的时候，你正处于得觉状态；当你觉得自己正在得觉的时候，你已经处于新的得觉状态。

其实幸福也一样，当你觉得自己不幸福的时候你正在寻找着幸福，当你感到幸福的时候你已经在因为幸福之事而找到幸福的感觉里了。

哲人也说，幸不幸福，更多地在于你看待世界的方式。我想更进一步说，不幸福是因为你很容易被困顿在自己心灵的疆域里，而当你飞身下视、俯瞰世界，你才会忽略那原本你觉得严重的瑕疵，看到延续的整体，此时内心涌动的是感动、是觉悟、是收获。信福，相信自己有福的念头油然而生，这是动力，更是享受。

参考文献

[1] 阿德勒. 自卑与超越［M］. 黄光国, 译. 北京：作家出版社, 1986.

[2] 丹尼尔·卡尼曼. 思考, 快与慢［M］. 胡晓姣, 李爱民, 等译. 北京：中信出版社, 2012.

[3] 格桑泽仁. 得觉的力量［M］. 北京：世界图书出版公司, 2010.

第十一讲

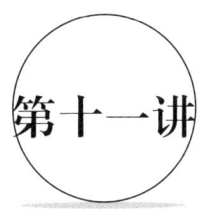

古代先贤如何读心？
——中国传统文化中的心理学思想

心理学在我国作为一门科学是由西方传入的。在西方心理学传入之前，我国没有心理学，但有丰富的心理学思想。我国是具有五千年悠久历史和灿烂文化的国家，在浩如烟海的著作典籍中，蕴藏着非常丰富的心理学思想。因此，我国是世界心理学思想最早的重要发源地之一。

我国古代的心理学思想丰富多彩，虽称不上系统独立的心理学科，却与心理学有着千丝万缕的联系，为我们建立自己的科学心理学提供了大量有益的参考资料。中国文化历来文、史、哲不分家，我国古代思想家关于心理的看法或思想实质上来源于哲学，融于其哲学体系之中，成为哲学的一部分。东西方心理学发展的不同点在于，西方古代思想家有不少关于心理学问题的专著，而我国古代思想家论述有关心理学问题的专篇甚多，但几乎没有专著。由此可见，中国文化更加注重系统观，在中国文化的理解中，心理学并不是作为单一维度而存在的。

事实上，近代学者研究发现，我国古代的心理学思想是极其丰富的，也是非常高明的，甚至是十分灿烂的，即使放在当代世界文化社会生活背景下都表现出极强的先进性。这些珍贵的文化遗产不仅可以，而且有必要纳入我国的心理学体系，使之得到继承和发扬，从而帮助我们研究并发展具有中国特色的心理学，构建我们自己的学术体系、话语体系，增强文化自信，建设符合中国国情、具有新时代适用性和科学性的心理学。

一、中国心理学史研究

新中国成立以来，尤其是党的十一届三中全会以后，在心理学蓬勃发展的土壤上，中国心理学史这一学科创建和发展起来了。它是在党和政府的重视下，从事此领域研究的老中青心理学者共同努力的结果。1985年由人民教育出版社出版的我国第一部《中国心理学史》部编教材，由高觉敷任主编，潘菽任顾问，燕国材、杨鑫辉任副主编，成为中国心理学史学科正式建立的主要标志，以上作者是这门学科的主要创建者。

对于中国心理学发展历史的探讨，尤其对中国古代心理学思想的研究，经历了一个从自发到自觉、从分散到有组织、从零星探讨到系统研究的发展过程。杨鑫辉作为中国心理学史学科的主要创建者之一和学科发展的见证人，提出新中国心理学史学科的发展经历了三个阶段，即20世纪50—70年代的奠基阶段，20世纪70年代末至90年代末的创建阶段，20世纪末至今的发展阶段。每个阶段都有标志性成果，并在不同时期显示出它们的社会作用与价值。

中国心理学史，囊括了中国古代心理学思想史和中国近现代心理科学史，尤其以古代心理学思想史最具特色。中国古代的心理学思想散见于哲学、教育、医学、军事、文艺等各类著作里，因此，研究中国心理学史是有较大难度的，至少必须具备心理科学理论知识、有关学科基本知识和阅读理解古籍的能力，这也许是研究此领域的人较少的原因。

二、中国古代心理学思想的范畴

中国历史源远流长，中华文化的发展也是集百家之长。不同时代的哲学思想都是历史的产物，因此在不同时代也形成了不同形式的心理学思想和内容。以 2003 年由上海教育出版社出版的《心理学大辞典》为参考，该书收入了中国心理学史词目 1253 条，其分配比例为：中国古代普通心理思想 547 条，中国古代教育心理思想 131 条，中国古代文艺心理思想 97 条，中国古代医学心理思想 101 条，中国古代军事心理思想 113 条，中国古代社会心理思想 86 条，中国古代司法心理思想 29 条，中国近现代心理学思想 149 条。这表明中国心理学史的学科性质和分类已经基本成熟。

有的学者认为中国古代心理学思想有四个主要特点：其一是哲学心理学思想与科学心理学思想的组合。其二是人文精神与科学精神的统一。中国古代哲学心理学思想以人文精神为主导，但也有不少符合科学精神的观点与材料。而中国近现代科学心理学思想则以科学精神为主导，但也有某些观点与材料同人文精神相符合。其三是理论、基础、应用心理学思想的三位一体。其四是各个学派心理学思想的对立统一。中国古代心理学思想分属儒、墨、道、法、释等不同学派，它们既有相互对立的一面，又有彼此统一的一面。但与此相对应的，中国近现代心理学思想，则几乎没有提出什么理论观点、形成什么派别。

研究了解中国心理学的历史和演变，需要区分心理学和心理学思想的界限和联系。中国古代心理学思想本身具有一系列的基本范畴，中国心理学史从研究开始，就很重视对其范畴的挖掘与整理。经过30多年的研究与讨论，最终《中国心理学》（第二版）确定有十对范畴：①形神，又称形神论、身心观，研究身与心、生理与心理的关系。②心物，也叫心物观，讨论心理与客观现实的关系。③天人，又称天人论，探讨自然与主体、先天因素与后天因素的关系。④人禽，亦可叫"人贵"论，旨在突出人与动物的区别，指明人是万物（自然）之中的"最高贵者"。⑤知虑，又称知虑论，探讨感知与思维的实质及其关系；记忆与注意也包含在这对范畴之中。⑥情欲，也叫情欲论，讨论情与欲（需要）的关系。⑦志意，又称志意论，研究志与意的性质及其关系。⑧智能，亦叫智能论，研讨智力与能力的性质及其关系。⑨性习，又称性习论，研讨人的生性（自然性）与习性（社会性）的实质及其关系。⑩知行，也叫知行论，讨论认识与行动（实践）的关系。在对中国古代心理学思想范畴的讨论过程中，潘菽、高觉敷、燕国材、杨鑫辉等曾提出过五对、七对或八对范畴，本书提及的十对范畴就是以此为基础综合而成的。

从应用心理学思想的角度看，我国古代心理学思想包括八个分支学科，即教育心理学思想、文艺心理学思想、医学心理学思想、军事心理学思想、社会心理学思想、管理心理学思想、司法心理学思想、养生心理学思想。这些学科又各有自己的基本框架。如教育心理学思想主要探讨人性论与学知论，涵盖了学习心理思想、德育心理思想、差异心理思想与教师心理思想。

三、中国古代心理学思想的发展

早在先秦时期，中国古代思想家就对人的各种心理现象进行了探索，如《诗经》《周易》《尚书》等早期典籍，记载了许多关于人的身心关系、自我意识、群体心理以及个体心理过程等心理学思想。春秋战国时期，老子、孔子、墨子、杨朱、孟子、庄子、荀子等思想家，对心理现象的研究已蔚然可观，确立了以人性论为主线的心理学理论探讨。之后各代思想家对心理现象的讨论更加激烈，进行了很多有价值的探索，许多结论与现代心理学的研究结果相符，至今仍具现实意义。

中国古代心理学思想主要是对社会科学相关的心理问题的研究，具体表现在对社会心理、教育心理、文艺心理、军事心理和养生心理等的研究上，这些领域受社会、政治、经济、文化、历史等影响较大，适合从心理学的人文主义视角来进行研究。

心理学家、教育家高觉敷先生全面分析中国古代心理学思想产生的社会历史条件，把中国古代心理学思想的发展按照编年史的顺序总结为以下几个阶段。

（一）春秋战国时期

春秋战国是从奴隶制转变为封建制的社会大变动时期。存在决定意识，社会制度的大变动，反映到人们的思想上，就产生了我国历史上第一次百家争鸣的局面。

先秦时期，儒家的心理学思想主要表现在两个方面：一是普通心理学思想，二是教育心理学思想。如孔子主要是教育心理思想；荀子主要是普通心理学思想，也包含有教育心理思想；孟子则普通心理学思想与教育心理思想兼而有之。此外，《学记》专论教育心理思想，《乐记》则专论音乐心理思想。

与儒家相比，先秦时期的墨、道、法三家具有较系统的普通心理学思想，包含有较为丰富的社会心理思想，但教育心理思想比较贫乏。其中，墨家在知虑心理方面，提出了"知材、知接、虑求、恕明"的观点，可以说是认识过程的四个阶段。此外，墨家关于感知与"五路"、思维和言语的论述，也颇具新意。在情意心理方面，墨家关于情感的观点可归纳为：动力说、损益说、利害说、誉诽说等。

道家是一个相当庞杂的学派。在形神关系方面，宋尹学派从精气说出发，提出了"气，道（通）乃生，生乃思，思乃知，知乃止（上）矣"的唯物形神论的命题。老子的"营魄抱一"的命题，则把形神看作两个各自独立的实体，具有二元论的性质。在情欲方面，宋尹、老庄共同的观点是，过分地追求外物以满足自己的情欲是有害的，因而主张寡情去欲。

法家主张以法治国，加强君主的集权统治。他们的心理学思想集中表现为把人心、人情、人性等心理学问题，看成是"正法之本"，即实行法治的依据，其主要代表作和代表人物是《管子》和韩非子，在心物观方面主张"理"与"物"稽合，人性方面则认为"好利恶害""喜利畏罪"等。

（二）汉代时期

秦亡后，诸子百家以儒、道两家较为占优势。太史公论六家要旨，对儒道有较详细的评论，而尤重视道家无为或无不为的理论。《黄帝内经》涉及道家思想。《淮南子》与《吕氏春秋》相同，都包括道名法阴阳诸家的思想，但《淮南子》的作者刘安基本上是厚道薄儒的。董仲舒为了迎合汉武帝大一统的政治野心，推崇"罢黜百家，独尊儒术"的政策。从此之后，皇帝和孔子都被神化了，这个神学的天道观到了东汉变本加厉。汉章帝召集儒生在白虎观举行辩论会，班固等人根据经学辩论结果撰成《白虎通义》，发展了儒术独尊的思想和三纲五常的说教。董仲舒的天人感应论和东汉的《白虎通义》构成了汉代唯心主义神学体系，与这个体系对立的则有司马迁、桓谭和王充等唯物主义的心理学思想家，尤以王充最为突出。

（三）魏晋时期

汉末朝政混乱，宦官外戚，互相争权，士子不愿与他们同流合污，宁愿置身事外，品评公卿，衡量人物。三国时期，魏、蜀、吴三国都想选拔人才图存争霸，刘劭的《人物志》应运而生。汉自董仲舒以后，盛倡唯心，王充反儒崇道，而道法自然，并以道家自然之说给董仲舒的神学目的论以有力的批驳。但道家有唯物主义因素，也有唯心主义因素，王充以老子的自然之说发展他的唯物主义的自然天道观，魏晋玄学则以老庄的自然无为之说，发挥他们的唯心主义本体论，于是道家的无为、自然的思想与儒家的名教伦常的思想共冶于一炉。同时，佛家所说的"色即是空，空即是色"，以为"空"相当于玄学所称的"无"，"色"即相当于玄学所称的"有"，于是，玄学与佛学便又趋于交融。

（四）南北朝、隋唐时期

随着外来的佛教思想与本土文化相结合，人们对心理问题有更深一层的关注。由于佛学重视精神世界，对心理现象研究细微深入，因而启发人们更深刻地研究有关心理学方面的问题。

唯物主义与唯心主义的争论至南北朝佛教兴盛时就更加复杂，因为佛教有一套新的、过去唯心主义所没有的思想武器，使人们得到精神的安慰。佛教的第一思想是神不灭论，即精神不朽。但范缜却盛称无佛，并宣传"形质神用"的神灭论。佛教的第二思想是因果报应说，即善有善报、恶有恶报。统治阶级便可用神不灭论和因果报应说巩固政权，被统治阶级也可因此安于现状，而范缜对于因果报应说也曾予以否定。

佛教到隋唐时代有了进一步发展。唐太宗本人虽不信佛，但认识到佛学有助于他对人民的统治；唐宪宗遣使前往凤阳，迎佛骨入宫，受到了王宫官民的拥护。韩愈为了维护儒学，给唐宪宗上了《谏迎佛骨表》，从而受到贬黜。

（五）宋、元、明时期

到了宋代，儒释道三家的唯心思想更加融合，程朱陆王等理学家、心学家，虽然有客观唯心主义和主观唯心主义之别，但都有"外儒内道"或"外儒内释"的共同倾向。邵雍、程颢、程颐、周敦颐都是北宋道学的代表人物。宋代的道学与理学是异名同实的，程颢、程颐以为"理"是最高范畴，所以他们的哲学又名"理学"，他们认为理和道是一而二、二而一的。程颐认为，天即是理；圣人循天理而行，就是所谓道。无论道与理，都与释相通。朱熹的理学和陆象山的心学也与禅宗有密切的联系。陆象山心学的主观唯心主义来源于禅宗；王阳明推崇心学，他的"心外无物"的主张，也与禅宗有密不可分的联系。

宋、元、明的理学引起了一些学者的反驳，著名的代表人物为南宋的陈亮、明代的颜元。陈亮不满意南宋偏安的局面，想兴师北伐恢复中原，因而对理学空谈心性深致谴责。颜元也深以程朱陆王空谈心性为病，他不但以实反空，而且以动批静。

（六）明末清初时期

明末清初，工场手工业有很大发展，商业繁荣，商品经济也相当活跃，资本主义经济开始萌芽。但是封建制度严重阻碍了资本主义的发展。黄宗羲、王夫之等人的著作含有反抗封建制度的意味。明亡于清，明朝遗老对理学的空谈误国尤感不满。

从明代末期开始，西方国家的海外扩张与思想传播，让心理学知识

第十一讲　古代先贤如何读心？——中国传统文化中的心理学思想

随着西方的神学与哲学，第一次进入了中国人的视野。许多西方传教士，将当时的一些心理学相关书籍译成中文进行传播，相关书目虽然影响不大，但是开启了西方心理学在中国的生根发芽。

清朝统治者在统治初期，想尽种种手段巩固统治、加强思想控制、排除异己，于是雍正、乾隆时期大兴文字狱，禁锢了士人的思想言论，严重阻碍了思想、学术的发展和进步，因此，乾隆、嘉庆年间的著名经学家，从清初的"经世"走向"避世"，他们埋头于经书的校勘，整理名物训诂，在学术上有杰出贡献，但与宋明的理学相同，都无补于匡时救世。

早在鸦片战争前，外国传教士就在我国沿海地区兴建教会学校，并将部分在教会学校学习的中国学生送去美国读书，我国开始有学生接触到西方心理学课程。其中，颜永京被送入美国学习心理学，并编译了中国第一本汉译心理学书籍《心灵学》。20世纪初期，逐渐脱离神学与哲学的心理科学开始传入中国，国内心理教学书目主要翻译于日本编译的西方心理学书目。著名教育学家蔡元培受实验心理学创立者威廉·冯特的影响，强调心理学作为一门理科的重要性，鼓励学者运用物理与生理知识研究心理学，很大程度上影响了后来心理学在中国的传播与发展。

以编年的方式总结中国心理学思想发展史，梳理出清晰的心理文化发展脉络，是中国心理学史研究学者在浩瀚的文史资料中总结出来的，具有奠基的历史意义，对后续中国特色心理学科的整合与发展无疑是非常珍贵的。

四、近代心理学思想和现代心理学学科的建立

我国近代与现代两个历史阶段的起讫时期，史学界的一般共识是：

近代由 1840 年鸦片战争起至 1919 年五四运动止，现代则是自 1919 年五四运动开始至 1949 年新中国成立之日结束。但从我国现代心理学发展具有标志性事件的角度看，则稍有变动，即近代心理学的发展时期为 1889—1917 年，而现代心理学的发展时期则应为 1917—1950 年。

（一）近代心理学思想

我国近代心理学的发展具有过渡的性质，它一方面保留了我国古代心理学思想的某些遗产，另一方面又吸收了西方古代和中世纪的一些哲学心理学思想。侧重于哲学心理学思想是我国近代心理学的特色。

鸦片战争以后，中国沦为了半殖民地半封建社会，内忧外患纷至沓来。甲午战争中国又大败于日本，割地求和，丧权辱国。以康有为为首的改良主义者在光绪的支持下，实行了戊戌变法。戊戌变法的领导者康有为和梁启超的学说中都饱含心理学思想。戊戌政变后，八国联军侵入北京，清政府下令推行新政，废除科举，开办学校，于 1904 年初颁布《奏定学堂章程》，来自西方的心理学被列入大学和师范学校的课程之内。在此之前，从教会学校培养出来的学生，如容闳和颜永京都曾学习西方哲学心理学，颜永京还将美国传教士海文的《心灵哲学》译成中文，名为《心灵学》。此后，自行编辑或译自日文的心理学教科书也陆续出版了。1907 年王国维译出了海甫定的《心理学概论》。但是心理学在中国的正式诞生却迟至 20 世纪 10 年代以后。

（二）现代心理学学科的建立

我国现代心理学不是以古代心理学思想为基础建立起来的，而是直接来源于西方的科学心理学，可以说它是"舶来品"，缺乏应有的本土化是我国现代心理学的特点。在此历史阶段中，心理学学科的建立和发展有六项具有标志性意义的事件。

第十一讲 古代先贤如何读心？——中国传统文化中的心理学思想

1917年，北京大学哲学系建立了全国第一个心理学实验室，开设了心理学实验课；

1918年，陈大齐编撰出版了《心理学大纲》，这是我国第一本大学心理学用书，为中国近代心理学的诞生做出了贡献；

1920年，南京高等师范学校建立了我国第一个心理学系；

1921年，中华心理学会在南京成立，张耀翔为首任会长；

1922年，我国第一部心理学刊物——《心理》出版，由张耀翔任主编；

1920年前后，我国开展了三次心理学思想大讨论，即心灵论战、本能论战与测验论战。

20世纪20年代留学国外的心理学家陆续回国，使作为一门科学的心理学逐渐兴起。汉字心理、心理测验、儿童心理和动物行为的研究都开展起来，并取得了相当大的成绩。中央研究院心理研究所在神经心理和大脑解剖学方面进行研究，发表了不少论文。同时，有不少心理学家致力于心理学流派的介绍，有关建构主义、机能主义、行为主义、精神分析、格式塔心理学的书刊论文大量出版、广泛流传。

五、加强对中国心理学思想的研究

我国心理学界普遍认为，心理学是"舶来品"，是进入近现代后从西方引入的，在此之前我国是没有什么心理学思想的。很少有人研究中国心理学史，也很少有人讲授这门课程。直到近30年，得益于一些学者的共同努力，中国心理学史研究有了一定的规模，取得了不少的成绩，从而初步地形成了中国心理学史是世界心理学史必不可少的组成部

分的观念。

但我们不能止步于"中国是心理学的发源地"的肯定,而是需要进一步加强发掘传统文化中心理学思想与人文精华的观念,让其为中国心理学界和民众所普遍接受,并深入心中、付诸实践。唯其如此,我们才能更加广泛而深入地开展中国心理学史研究,才能在高校的适当专业开设中国心理学史课程,也才能在心理学著作与教材中引入中国心理学的理论观点和研究成果。

(一)加强中国心理学思想研究的人文取向

中国心理学思想是以人与人之间的关系为基础而构建起来的,因而其人文精神的成分就比较多。据此,在研究中国心理学思想史时,应当多采取人文取向,这样才能有效地把中国心理学思想的宝藏挖掘出来,并做出合乎实际的评价与发扬。比较遗憾的是,以往中国心理学思想的研究,囿于科学心理学的定义和规范,科学取向有余,人文取向不足。在以后中国心理学思想的研究中,应当加强人文取向,结合传统文化复学和文化自信的时代背景,加快研究广度、深度和进程。但这并不意味着要削弱科学取向的研究,而是倡导把两种取向的研究结合起来,以提高中国心理学思想研究的质量。

(二)加强中外心理学思想的比较研究

几十年来,关于中外心理学思想的比较研究已经取得了一定的进展,但仍然任重而道远。比较研究的意义很大,它可以用中国心理学思想去加深理解、补充外国的心理学,也可以用外国的心理学去加深理解、补充中国的心理学思想。如在人性论方面,中国古代有性善论、性恶论与性无善恶论,西方现代心理学也持有类似的主张,如果加以比较,就可相得益彰;在智能论方面,可以把中国古代的有关思想归纳为智能先天基础论、智能后天发展论、智能相对独立论、智能天人结合论、智力与非智互制论，而西方的智能心理学也未能超出这个范围，西方、苏俄和中国的智能论观点可以鼎立而存，这极大地丰富了现代智能心理思想。如果进行比较，就可能碰出火花。因此，在今后中国心理学思想的研究中，需要进一步扩大比较研究的范围，提高比较评析的质量，以促进当代对中国心理学思想的深入理解和广泛推广。

（三）加强中国心理学思想的研究与实际相结合

中国心理学史研究在很大程度上属于理论研究范畴，为了使这一研究更加具有生命力，就需要坚持理论与实际密切联系的原则。在研究中国心理学思想史时，不能只为研究历史而研究历史，只为研究思想而研究思想，应该尽可能阐述其理论价值与实践意义，以让它能为现实服务，能古为今用。例如，荀子所揭示的"欲物相持而长"这一规律，依然适用于现代化生产；以王阳明为代表所创立的"知情意行"四阶段德育模式，在今天的德育中仍大有英雄用武之地；《中庸》所总结的"学问思辨行"五环节学习（教学）模式，乃是现代学习模式变化之"宗"。诸如此类，不一而足。只要认真研究，中国心理学思想就会成为一门"活学问"，而不会流为一门"死知识"。

六、中国心理学的现状与未来

（一）中国心理学的现状

1. 独立发展不足

如果说，我国近现代心理学只有一个方面的依附，即依附于西方心理学，那么，我国当代心理学的依附性则表现在两个方面：1980 年前依附于苏俄心理学，1980年后依附于西方心理学。如此，我国当代心理学同近现代心理学一样，也没有完全走上独立发展的道路，未能形成具有中国特色的、根植于中国文化背景的心理学理论体系。

2. 有一定的学术研究成果

当代心理学确立了以辩证唯物主义为指导思想的方法论，同时也采纳了有利于心理学发展的哲学思想；引入介绍西方心理学各学派的理论观点和实证材料，对我国心理学的发展产生积极借鉴作用；采用西方心理学研究的范式与方法，开展了大量的基础心理学与应用心理学研究，并取得了丰富的成果；逐渐重视我国心理学史特别是古代心理学思想史的研究，并创建了中国心理学史学科；初步开展了本土心理学或心理学本土化研究，也取得了一定的成果。

（二）中国心理学的未来

基于心理学科研教学条件的优化，当前学者参与解决社会发展中的心理学问题的热情空前高涨，学术交流空前活跃。为使心理学更好地服务于民族复兴和社会发展，为使心理学学科领域真正做到理论自信和文化自信，未来的方向就是要使心理学本土化。所谓本土化，即要在本土的文化背景下，研究本国、本民族和本地区人们的心理和行为，以便解决与这些心理和行为相联系的各种现实问题。

虽然西方心理学取得了很多的科学成果，但它的理论观点、体系结构与实际材料更多基于北美洲和欧洲的人群，并非完全适用于其他国家、其他民族和其他地区。因此，心理学本土化是当代中国科学心理学发展的基本趋势和根本要求。当然，要使心理学本土化，并非采取"关门主义"，而是要使我国的心理学国际化，即既吸收西方心理学理论观点及其研究方法，特别是它的技术手段，更要让中国历史传承的文化智慧与思想瑰宝以现代的方式发扬光大,并贡献给世界人民。

参考文献

[1] 高觉敷. 中国心理学史[M]. 北京:人民教育出版社,2009.

[2] 燕国材. 中国心理学史[M]. 北京:开明出版社,2012.

[3] 汪凤炎. 中国心理学思想史[M]. 上海:上海教育出版社,2008.

[4] 汪凤炎,郑红,燕良轼. 中国心理学史新编[M]. 北京:人民教育出版社,2013.

[5] 杨鑫辉. 中国心理学史60年[J]. 教育学术月刊,2009(9):3-6,13.

[6] 燕国材. 中国心理学史研究三十年[J]. 南通大学学报(教育科学版),2009,25(3):48-53.

[7] 郭本禹. 中国心理学史学科的创建与开拓——论杨鑫辉教授的学术思想[J]. 南京师大学报(社会科学版),2014(3):109-117.

[8] 萧富强. 中国心理学史的研究及其启示——评燕国材教授的《中国心理学史》[J]. 心理科学,1999(2):174-175.

图书在版编目（CIP）数据

内在的宇宙：探索心灵的奥秘 / 王英梅主编．—成都：四川大学出版社，2023.8
（明远通识文库）
ISBN 978-7-5690-6226-7

Ⅰ．①内… Ⅱ．①王… Ⅲ．①心理学－通俗读物 Ⅳ．① B84-49

中国国家版本馆CIP数据核字（2023）第135791号

书　　名：	内在的宇宙：探索心灵的奥秘
	Neizai de Yuzhou: Tansuo Xinling de Aomi
主　　编：	王英梅
丛 书 名：	明远通识文库
出 版 人：	侯宏虹
总 策 划：	张宏辉
丛书策划：	侯宏虹　王　军
选题策划：	吴连英
责任编辑：	吴连英
责任校对：	宋彦博
装帧设计：	黄楚钧
责任印制：	王　炜
出版发行：	四川大学出版社有限责任公司
	地址：成都市一环路南一段24号（610065）
	电话：（028）85408311（发行部）、85400276（总编室）
	电子邮箱：scupress@vip.163.com
	网址：https://press.scu.edu.cn
印前制作：	四川胜翔数码印务设计有限公司
印刷装订：	四川盛图彩色印刷有限公司
成品尺寸：	165 mm×240 mm
印　　张：	15.5
插　　页：	4
字　　数：	210千字
版　　次：	2023年8月 第1版
印　　次：	2023年8月 第1次印刷
定　　价：	48.00元

本社图书如有印装质量问题，请联系发行部调换

■版权所有 ◆ 侵权必究

扫码获取数字资源

四川大学出版社
微信公众号